정인숙 자연발효 밥상

정인숙 자연발효 밥상

발행일 2024년 12월 20일

지은이 정인숙, 장만생
펴낸이 손형국
펴낸곳 (주)북랩
편집인 선일영
편집 김은수, 배진용, 김현아, 김다빈, 김부경
디자인 이현수, 김민하, 임진형, 안유경
제작 박기성, 구성우, 이창영, 배상진
마케팅 김회란, 박진관
출판등록 2004. 12. 1(제2012-000051호)
주소 서울특별시 금천구 가산디지털 1로 168, 우림라이온스밸리 B동 B111호, B113~115호
홈페이지 www.book.co.kr
전화번호 (02)2026-5777
팩스 (02)3159-9637

ISBN 979-11-7224-422-4 13590 (종이책) 979-11-7224-423-1 15590 (전자책)

발효명장이 공개하는 건강 밥상 레시피 112

정인숙 자연발효 밥상

발효, 자연이 빚어낸 건강의 지혜!
누구나 쉽게 따라 할 수 있는 112가지 발효레시피로 밥상을 채워라!

초고령화 사회로 접어든 지금, 발효식품은 소화력이 약해진 어르신들부터 인스턴트식품에 익숙해진 젊은 세대까지 모두의 건강을 지키기 위한 필수 요소라 할 수 있습니다. 100세 시대에 건강하게 오래 살기 위해서는 몸에 부담을 덜 주면서 속부터 튼튼하게 하는 식습관이 중요하기 때문입니다.

현대인의 식생활을 살펴보면, 빠르고 간편한 식사를 선호하면서 간편식과 즉석식품에 의존하는 경향이 커졌습니다. 그 결과로 암이나 성인병이 늘고, 원인을 알 수 없는 피부 질환, 고혈압, 소아 당뇨 같은 문제로 고생하는 사람들이 많아지고 있습니다. 이런 식생활 환경에서 우리에게 진정 필요한 건 약이나 병원보다 '이너뷰티(체내의 웰빙)'를 추구하는 생활방식입니다.

이를 위해 누구나 쉽게 실천할 수 있는 방법은 바로 식이요법입니다. 특히 발효식품 섭취는 식이요법의 핵심적인 요소가 될 수 있습니다. 발효식품은 우리 몸을 자연스럽게 회복시키는 미생물들이 가득하기 때문에 몸에 좋은 영향을 많이 주기 때문입니다. 발효 과정에서 원재료의 성분이 변하며 새로운 유익한 성분들이 생기기 때문에 김치나 된장, 간장, 청국장 같은 전통 발효식품은 이미 해외에서도 건강식으로 주목받고 있습니다.

예를 들어, 2011년 미국 시카고에서 열린 식품 박람회에서 한국의 김치는 아주 큰 주목을 받았습니다. 현장에서 김치 팬케이크를 맛보려는 사람들로 줄이 길게 늘어섰을 정도였습니다. 김치가 조류 인플루엔자(AI)나 사스(SARS) 같은 바이러스 예방에 효과가 있다는 소식이 해외 언론을 통해 전해지면서, 인기는 더욱 높아졌습니다.

발효식품을 섭취하는 것은 단순한 식생활의 일부가 아니라 내 몸의 건강을 스스로 지키는 생활방식입니다.

저도 지난 20년간 발효식품 연구에 매진하며, 발효식품이 우리 몸의 항상성을 유지하고 신진대사를 촉진하는 데 얼마나 중요한지 깨닫게 되었습니다. 그래서 이 책에는 발효식품에 대한 기초 이해부터 직접 만들어 볼 수 있는 쌀누룩 제조법과 다양한 요리법까지 담았습니다.

이 책이 독자 여러분과 가족들에게 발효식품을 생활 속에 자연스럽게 정착시킬 수 있는 계기가 되기를 바랍니다. 병원에 가서 지키는 건강이 아니라, 몸을 움직이며 활기찬 생활 속에서 유지하는 건강이야말로 우리가 진정 원하는 삶일 것입니다. 발효식품을 통해 모두가 건강하고 활기찬 삶을 함께 만들어가시길 진심으로 원합니다.

2024년 10월

정인숙 / 장만생

발효명장!

대한민국 발효국모!

대한민국 최다 발효특허 명장!

농업회사법인 ㈜초정의 정인숙 대표를 나타내는 표현들입니다.

정인숙 대표는 30년 이상을 직업군인 생활을 한 남편을 따라 육아와 가정 일구기에 전념했습니다.

2008년 정인숙 대표는 암과 성인병, 미세먼지, 탄산음료를 비롯한 인스턴트식품에 길들여진 현대인의 불균형한 영양섭취를 바로잡고자 자연 속 웰빙 발효기술에 대한 연구를 시작하였고, 2014년 본격적으로 발효사업에 뛰어들었습니다.

발효식품은 좋은 재료와 정성을 다한 시간이 만든다는 이념을 가지고 다양한 발효식품 레시피 개발에 매진하였고, 발효 효능의 과학화를 위해 자연치유효능에 관한 박사학위까지 취득하는 등 국민의 식생활 개선을 위한 노력을 아끼지 않았습니다.

또한 정인숙 대표는 2014년 초정생활발효학교를 설립하여 발효와 관련된 각종 체험 프로그램 운영 및 전문가 양성 활동을 활발히 수행하면서, 발효식품의 우수성을 널리 알리고자 하였습니다.

정인숙 대표는 발효와 관련된 30건 이상의 특허와 다수 의 수상 및 인증서를 통해 노력의 결실을 맺었습니다. 또한 유인균 발효명장 및 대한민국 한식조리명인 등 정인숙 대표의 실력을 확인할 수 있는 지위 역시 획득하였습니다.

발효의 우수성 및 발효식품의 효능에 관해서는 이미 많이 알려져 있습니다. 하지만 이를 체계적으로 정리해 놓은 서적은 많지 않아서 일상생활에서 활용하기가 쉽지 않습니다.

대한민국 최고의 발효전문가인 정인숙 대표가 집필한 "자연발효밥상"은 발효에 대한 배경지식을 누구라도 이해할 수 있게 쉽게 설명하고 있으며, 이와 더불어서 100가지 이상의 발효식품 레시피를 소개함으로써 많은 사람들이 일상에서 활용할 수 있도록 하였습니다.

"자연발효밥상"은 국민의 건강 증진을 위해 필수적이고 기본적인 서적으로서, 정인숙 대표의 모든 노하우가 집약되어 있습니다. 이 책을 통해 정인숙 대표의 노력이 많은 사람들에게 전달되기를 바라면서, 다시 한번 "자연발효밥상"의 출판을 축하드립니다.

강기갑 (한국마이크로바이옴협회 대표, 전직국회의원)

저자 소개

발효명장 정인숙은 발효의 본질이 미생물이 생존하고 활동할 수 있는 환경을 조성하고 이를 철저히 관리하는 데 있음을 일찍이 깨달아, 오랜 세월 이를 위해 전념해왔습니다. 이러한 노력의 결실로, 정인숙 명장은 2018년에 "한국형발사믹식초개발" 연구를 통해 토종 미생물인 Saccharomyces cerevisiae JIS(사카로마이세스 세르비시에 제이아이에스) 효모를 개발하였고, 이를 한국미생물보존센터에 기탁하여 활용하고 있습니다.

저자가 개발한 JIS 효모는 당 내성과 에탄올 내성, 그리고 에탄올 생성 능력에서 탁월한 성능을 발휘하며, 기존 상업용 효모보다 당 소모 능력과 발효 능력에서 우수한 것으로 확인되었습니다. 또한, 이 효모로 발효한 오디 와인의 대사산물 패턴을 분석한 결과, 아미노산과 유기산 등 풍부한 대사산물이 포함되어 와인의 풍미가 크게 향상되었습니다. JIS 효모로 만든 오디 식초 또한 항산화 및 항당뇨 효과에서 뛰어난 기능성을 보이며, 비타민C와 당뇨 치료제 아보카도보다도 우수한 성능을 발휘하는 것으로 나타났습니다.

이처럼 정인숙 명장은 15년 이상의 연구를 통해 독자적인 발효기술을 확립하였으며, 다수의 특허 등록과 수상을 통해 그 성과를 인정받았습니다. 또한 유인균 발효명장과 한식조리 명인 등으로서 독창적인 발효기술을 국가로부터 인정받았습니다.

이러한 연구 개발의 성과를 바탕으로 저자는 곰팡이균을 활용해 곡류와 두류 등의 식재료를 발효하여 다양한 요리에 적용할 수 있는 자연발효식품을 개발하는 데 집중하고 있습니다. 이는 발효식품이 지닌 풍미와 저장성을 강화하여 보다 건강한 식생활을 정착하기 위한 것입니다.

특히, 시중의 장류와 양념류에 첨가된 인공첨가물과 높은 염도로 인한 건강 문제를 경계하며, 자연발효식품이 국민 건강을 증진하고 미래 세대에게도 건강한 식습관을 제공하는 중요한 역할을 할 수 있음을 강조하고 있습니다.

또한, 저자 자신만으로는 이러한 건강한 발효식문화를 확립하는 것에 한계를 느끼고, 더 많은 이들이 발효문화에 관심을 갖도록 하기 위해 연구 외의 활발한 활동도 하고 있습니다. 대표적으로 발효식품에 대한 자신의 노하우와 기술을 널리 알리고자 교육기관인 초정생활발효학교를 설립하여 후학을 양성하고 있으며, 전국 각지에서 활발한 강연과 세미나 활동을 통해 더 많은 대중에게 우리 발효식문화의 장점을 알리고자 노력하고 있습니다.

◆ 출강현황

2014/ 광주시, 화순군 농업기술센터 발효식품연구회 등

2015/ 전남 해남군 기술센터 웰빙발효문화대학 등

2016/ 서울 강서 농협, 광주광역시 귀농학교 등

2017/ 경남 창녕군 남해시 농업기술센터 농업인 대학과정 등

2018/ 경기도 남양주시 농업기술센터 발효전문과정 등

2019/ 충남 서산시, 전남 나주시, 경기 양주시, 광주광역시, 예산농업기술센터 발효전문가 과정 등

2020/ 전남도립대학교, 군장대학교, 마이스터대 전통발효식초 만들기 등

2021/ 전남 영광군·목포시·여수시·나주시, 충남 서산시 생활개선회 쌀 누룩 발효 등

2022/ 전남 여수시·목포시·담양군·광양시·순천시, 세종특별자치시 등 쌀누룩 발효 교육

2023/ 경남 진주시·거제시·사천시 전남 함평군·해남군·구례군, 전남 농업기술원 쌀 발효전문 교육

2023/ 전남 곡성군, 구례군, 해남군 "발효식품관리사"이수 교육

◆ 수상경력

2016/ 유인균 발효명장(한국의과학연구원 인증)

2018/ 대한민국발명특허대전 서울 국제발명대전 동상 수상

2019/ 지식재산 유공 중소벤처기업부 장관 표창 등 8건

2020/ 우수 식생활 체험장(농림축산식품부 283호)
품질인증 교육농장(2021-31호)
식품기술(대상) 농림축산식품부 장관상

2021/ 대한민국 한식조리명인(국제명인 요리사 협회)

2022/ 대한민국 식생활 교육대상 수상
지역경제 활성화 농림축산식품부 장관 표창

※ 발효식품 발명특허 최다 보유: 쌀 누룩 공물 당 등 30건 등록

contents

Part III. 발효 관련 기초지식과 쌀누룩 이야기

Part IV. 발효요리 전 숙지사항

Part V.
정인숙 자연발효밥상 발효요리 112선

I. 쌀누룩 발효요리

II. 발효식품요리

Part I.

정인숙, 발효의 길을 걷다

발효,
자연이 선물한 오묘한 조화

'아… 저 과일로, 저 채소로 지금까지와는 다른 새로운 맛을 낼 수 없을까? 그 새로운 맛이 사람들의 건강에 기존 방식과 다른 방식으로 도움이 될 수는 없을까?'

이런 고민을 품고 발효의 세계에 입문했을 때, 제 머릿속은 오로지 '어떻게 하면 발효를 통해 새로운 음식을 만들 수 있을까'라는 생각뿐이었어요. 그렇다고 해서 무슨 기발하고 창의적인 퓨전 요리를 만들어내려는 것과는 달랐어요. 오히려 그보다는 집요할 정도로 음식 그 자체의 변화를 만들어내는 자연의 조화로운 과정을 지켜보고자 했어요.

발효라는 것이 단순히 음식을 오래 보존하거나 변화를 주는 기술이 아니라, 식재료가 가진 고유한 특성을 깊이 끌어내고, 우리가 상상하지 못한 방식으로 건강을 증진할 수 있는 아주 특별한 과정이라는 걸 깨달으면서 더 큰 흥미를 느꼈거든요. 제가 요리사가 되고자 하기보다는 자연이라는 요리사의 매니저가 되겠다는 심정이라고 해야 할까요. 시간을 견디며 자연이 내어놓는 놀라운 산물을 보고 감탄하는 즐거움이 있었어요.

이러한 열정을 가지고 발효에 대한 공부를 본격적으로 시작하면서 전국을 다니기 시작했어요. 남편의 군 생활 덕분에 여러 지역을 돌아다닐 기회가 많았거든요. 전국 구석구석에 숨겨진 발효 비법과 독특한 음식 문화가 정말 무궁무진하더라고요. 처음에는 그저 발효식품을 만들고, 맛을 내는 기술 정도로만 생각하고 살펴보았는데, 곳곳에서 접한 각기 다른 발효 방식과 전통 음식 문화에 매번 감탄하게 되었어요. 가보지 못한 많은 곳의 발효식품을 조사할 때는 관련 책을 읽으며 아쉬움을 달래야 했고요. 남쪽 해안가 마을에서 만난 젓갈 발효 방식이라든지, 내륙 산골 마을의 고추장 발효 비법 등 해당 지역의 자연환경과 기후,

문화와 맞물려 각자의 개성이 탄생하는 과정을 배우고, 이에 맞춰 고유의 맛을 만들어내는 과정을 알아가면서 그 깊이를 새삼 깨닫게 되었죠.

가장 인상 깊었던 건 발효가 자연과 인간의 오랜 시간에 걸친 협업이라는 걸 깨닫던 순간이었어요. 특별하고도 놀라운 사건이 있었다기보다는 책을 읽고, 오래 반복적으로 발효음식을 대하고 있는데, 어느 날 문득 차를 마시면서 생각했던 거죠. 풍경처럼 앞에 놓인 산이 언제나 묵묵히 내 곁에 있던 것처럼 그렇게 자연은 우리를 품고 있다는 생각이었요. 그 안에 발효의 아름다움이 숨어 있고, 우리는 어쩌면 자연 속에서 발효되는 삶을 살게 되는 것이 아닐까 하는 상상도 했었거든요. 그건 단순히 과학적 기술로만 이해될 수 없는 것이었죠.

발효는 시간이 흐르면서 자연스럽게 음식이 변하는 과정일 뿐 아니라, 자연이 우리에게 준 재료와 환경이 어우러져 천천히, 그러나 확실하게 변화를 이루어내는 과정이기도 해요. 제가 전국을 돌아다니며 작은 마을들에서 접한 발효 방식들은 수백 년, 또는 그 이상의 시간 동안 그 지역 사람들이 자연과 어떻게 공존해왔는지 보여주는 중요한 증거였어요. 한반도가 작다고들 하지만, 그 작은 공간 안에 얼마나 다양한 자연환경과 식문화가 뿌리내려 있는지 직접 경험하면서 매번 경이로움을 느끼곤 했죠.

그렇게 발견한 작은 경이로움이 제 마음에 쌓였어요. 그리고 발효에 대해 배우고 실험하는 과정에서 발효가 단순한 음식 가공 이상의 무언가라는 깨달음을 얻었어요. 발효는 수백 년에 걸쳐 전해 내려온 지혜와 경험이 자연과 만나 완성된, 이를테면 예술과도 같은 조화로운 작품이죠. 발효의 과정 안에는 인간이 쉽게 만들어낼 수 없는 자연의 신비와 생명이 깃들어 있어요. 아무리 효율적이려고 해도 기본적으로 기다려야 하는 묵직한 자연의 시간이 필요했던 거죠. 그리고 그건 매번 똑같지 않았어요. 우리가 다룬다기보다 자연이 선물하는 순간이라고 한 건 그 때문이기도 해요. 자연이 주는 대로 받아야 했죠.

예를 들어 김치 발효 과정만 보아도 계절과 온도, 습도에 따라 맛과 향이 매번 달라지죠. 똑같은 김치를 매번 완벽히 똑같은 맛으로 만드는 것은 거의 불가능하고, 오히려 이 매번 다른 맛이 발효의 특별함이자 소중함이라 느꼈습니다.

그 후, 저는 다양한 발효 산물을 만들면서 새로운 깨달음에 이르게 되었어요. 발효란 모든 과정을 인간이 주도하는 것이 아니라, 자연 속에서 미생물들이 스스로 활동하며 이루어지는 과정이라는 점이었죠. 발효의 핵심은 미생물들이 자연스럽게 움직이며 유익한 산물을 만들어내는 데 있으며, 인간의 역할은 그들이 활발히 활동할 수 있는 환경을 조성하는 데 있다는 사실을 알게 되었어요. 오히려 인간이 인위적으로 개입하려 할수록 발효가 지닌 자연스러운 조화가 깨지기 쉽다는 점도 느꼈답니다. 이런 깨달음은 저에게 발효라는 과정에 대한 경외심을 심어주었고, 그 신비로운 세계에 대한 애정과 흥미를 한층 더 깊게 만들어 주었어요.

발효는 자연이 인간에게 주는 선물과도 같아요. 우리가 자연을 존중하고 조화롭게 살아간다면, 발효를 통해 유익한 산물을 얻게 되는 것이죠. 발효산물을 만들다 보니 느끼는 건데, 발효는 단순히 보존 방법이나 맛의 변화를 뜻하는 것을 넘어서 '자연과 사람 사이의 겸손한 협력'이라는 생각이 듭니다. 발효는 인간이 자연과의 조화 속에서 얻어내는 '덤' 같은 것이에요. 그렇기에 발효는 자연의 작품이자 축복이고, 그 안에는 말로 다할 수 없는 신비와 감사가 담겨 있다고 생각해요.

이런 발효는 우리에게 가르침을 준다고 생각해요. 결국, 우리에게 더 겸손하게 자연을 대하고 그 속에서 건강과 행복을 찾을 수 있도록 길을 열어주니까요. 발효라는 작은 세계에서 배운 자연의 경이로움과 지혜를 밑거름으로 해서 삶을 풍요롭게 하는 영감을 받고 있는 거죠. 이것은 하나의 쾌감이자, 행복으로 느끼고 있습니다.

몸은 먹는 대로 만들어진다

"몸은 먹는 대로 만들어진다."

이 간단한 문장으로 저의 발효철학을 표현할 수 있을 것 같아요.

우리는 매일 먹는 음식이 우리 몸을 형성하고, 삶의 활력까지 결정한다고 생각해요. 그렇기에 저는 발효연구와 교육 활동을 통해 이 믿음을 전하고, 발효의 건강한 가치를 많은 분들이 체험할 수 있도록 돕고 있습니다. 특히 농업인들을 대상으로 한 발효 교육을 통해 그들이 발효를 접목하여 부가가치를 창출할 수 있도록 돕고 있어요. 발효는 누구에게나 열려 있는 기회이며, 스스로 발효를 활용해 새로운 가능성을 찾아가는 과정이기도 합니다.

발효연구에 제 인생의 절반을 쏟아오면서 깨달은 것은, **'우리가 매일 먹는 음식에 자연 발효를 더하는 것만으로도 몸에 놀라운 변화가 일어난다'**는 점이에요. 특히 발효의 핵심은 미생물들이 살아가는 환경을 세심하게 조성하고 관리하는 데 있어요. 미생물들이 최적의 환경에서 활동을 시작하면 그들의 에너지가 우리 음식에 다양한 효능을 더해주거든요. 이 오묘한 과정은 우리가 어떻게 발효를 돕고 조율하느냐에 따라 천천히, 그러나 확실하게 몸에 좋은 변화를 만들어냅니다.

이런 좋은 변화를 알고 싶다면, 아무래도 우선적으로 우리가 주로 먹는 다양한 식재료를 살피게 되죠. 오래도록 발효해서 만든 된장, 간장, 식초 등등 다양한 발효식품도 살피게 되고요.

일상에 발효를 더한 토종효모를 개발하다

발효란 미생물이 자신만의 효소로 유기물을 분해하거나 변화시켜 각기 특유의 산물을 만들어 내는 자연의 신비로운 과정입니다. 발효의 세계에 발을 들인 후 저는 미생물들이 살아갈 최적의 환경을 만들어주고, 그들의 활동을 세심하게 관리하는 것이야말로 발효의 핵심이라는 점을 깨닫게 되었어요. 그래서 이후 발효연구에 정성을 쏟으며 새로운 시도를 이어나갔고, 그 결실로 2018년에는 '한국형 발사믹 식초 개발'이라는 연구과제를 완성할 수 있었습니다.

이 과정에서 개발한 토종 효모인 Saccharomyces cerevisiae JIS(사카로마이세스 세르비시에 JIS)는 당 내성과 에탄올 내성 능력이 뛰어나 기존 상업용 효모와 비교했을 때 당 소모 능력이나 발효 능력 면에서 우수하다는 평가를 받았지요. 한국 미생물 보존센터에 기탁한 이 효모는 국내 발효연구와 산업에 새로운 가능성을 열어주고 있어요(2019-292호, KCCM 43448). 특히 이 효모로 만든 오디 와인은 아미노산과 유기산 등 다양한 대사산물이 풍부하게 형성되어 와인의 풍미를 향상시키는 효과가 탁월했으며, 오디 식초는 항산화와 항당뇨 효과 면에서 비타민C나 당뇨치료제인 아보카도보다 뛰어난 기능성을 보였습니다. 이는 발효가 단순히 맛을 더하는 것 이상의 효능을 지닐 수 있음을 보여주며, 발효연구에 대한 제 신념을 더욱 굳건히 해주었어요.

또한, 저는 쌀과 콩을 이용해 자연발효 곡물당을 제조하는 방법을 개발해 특허로 등록하였습니다(특허청, 제10-2439292호). 곰팡이 균을 이용해 곡류와 두류 등을 발효시켜 다양한 요리에 적용할 수 있는 방법을 개발한 것도 그 일환이에요. 이렇게 자연 발효를 통해 음식의 풍미와 저장성을 높임으로써 현대의 인공적 가공식품에서 느끼기 어려운 깊은 맛과 건강을 전하고자 하는 것이 저의 목표랍니다.

그러나 무엇보다도 제 연구의 가장 중요한 목적은 국민들의 건강한 삶을 확보하는 데에 있어요. 오늘날 시중에 유통되는 장류나 양념류는 과도한 식품첨가물과 인공당을 포함하고 있어 염도가 높고, 성인병 발병률을 높여 국민 건강에 악영향을 미칠 우려가 있습니다.

반면, 자연 발효는 단순한 전통이 아니라, 우리 건강과 삶을 지속적으로 이어가게 해주는 지혜의 집약체라고 생각합니다. 자연 발효로 만들어진 식품은 본연의 맛과 영양을 살려 현대인의 건강을 지키고, 미래 세대에게 건강한 식문화를 전할 수 있는 소중한 매개체가 될 것이라 믿기에 자연 발효를 통해 건강한 식문화의 맥을 이어가는 것을 제 사명으로 삼고 있어요.

발효연구에 쏟아부은 노력과 열정 덕분에

발효연구에 쏟아부은 노력과 열정 덕분에, 저는 발효가 인간의 몸에 어떻게 영향을 미치는지를 깊이 이해하게 되었고, 이에 따라 '몸은 먹는 대로 만들어진다'는 믿음이 첫 번째 발효철학으로 자리 잡게 되었어요.

이를 위해 20년 넘게 발효연구에 매진하며 저만의 발효기술을 축적했습니다. 그리고 30건 이상의 특허와 여러 차례의 수상을 통해 그 가치를 인정받았어요. 이 특허 하나하나가 제 손끝에서 이루어진 발효기술의 산물이자, 저의 노력이 담긴 흔적이라는 점에서 매우 의미가 큽니다. 특허가 더해질 때마다 느끼는 기쁨은 말로 표현하기 어려울 정도로 컸고, 가슴 속 깊이 설렘이 가득했죠. 저에게 있어 특허는 단순한 연구 결과 이상의 의미를 가지며, 그 기술 하나하나가 발효의 새로운 가치를 전하고 있다는 점에서 뿌듯함을 느껴요.

특히 발효는 시간과 정성이 필요한 작업이에요. 자연의 힘을 빌려 미생물의 활동을 조절하고, 그 과정을 통해 맛과 영양이 풍부한 식품을 만들어 내는 과정은 긴 여정을 필요로 합니다. 저는 발효연구를 하며 수많은 실패와 시행착오를 겪었지만, 그 과정이 쌓이고 쌓여 특허라는 형태로 결실을 맺을 때마다 정말 보람차고 가슴 벅찬 순간이 찾아왔어요.

내가 연구한 특허는, 나에게 또 다른 새로운 길을 열어주었어요.

발명특허 '배와 미나리를 이용한 발효식초 제조방법(10-1814611호)는 국가기관으로부터 3억 원이라는 가치평가를 받아 ㈜초정생활발효학교를 설립하는 계기가 되었고, 대한민국식품기술대상을 수상케 한 발명특허 '오디발사믹식초 제조방법(10-2099061호)는 1억 8백만 원의 가치평가를 받아 생활발효학교의 자본금이 되어 오늘의 발효학교를 운영할 수 있었답니다.

특허증
CERTIFICATE OF PATENT

특허 Patent Number 제 10-1814611 호

출원번호 Application Number 제 10-2017-0114950 호
출원일 Filing Date 2017년 09월 08일
등록일 Registration Date 2017년 12월 27일

발명의 명칭 Title of the Invention
배와 미나리를 이용한 발효 식초 및 그 제조 방법

특허권자 Patentee
정인숙(610606-*******)
전라남도 화순군 춘양면 개천로 613-1 ()

발명자 Inventor
정인숙(610606-*******)
전라남도 화순군 춘양면 개천로 613-1 ()

위의 발명은 「특허법」에 따라 특허등록원부에 등록되었음을 증명합니다.
This is to certify that, in accordance with the Patent Act, a patent for the invention has been registered at the Korean Intellectual Property Office.

2017년 12월 27일

특허청장
COMMISSIONER,
KOREAN INTELLECTUAL PROPERTY OFFICE
성 윤 모

특허청
Korean Intellectual Property Office

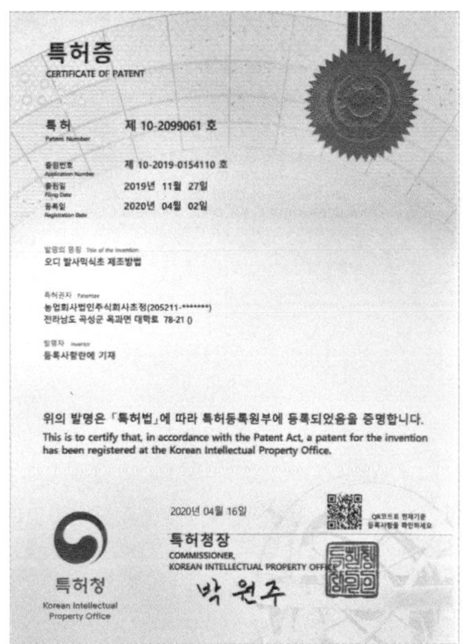

특허증
CERTIFICATE OF PATENT

특허 Patent Number 제 10-2099061 호

출원번호 Application Number 제 10-2019-0154110 호
출원일 Filing Date 2019년 11월 27일
등록일 Registration Date 2020년 04월 02일

발명의 명칭 Title of the Invention
오디 발사믹식초 제조방법

특허권자 Patentee
농업회사법인주식회사초정(205211-*******)
전라남도 곡성군 옥과면 대학로 78-21 ()

발명자 Inventor
등록사항란에 기재

위의 발명은 「특허법」에 따라 특허등록원부에 등록되었음을 증명합니다.
This is to certify that, in accordance with the Patent Act, a patent for the invention has been registered at the Korean Intellectual Property Office.

2020년 04월 16일

QR코드로 현재기준 등록사항을 확인하세요

특허청장
COMMISSIONER,
KOREAN INTELLECTUAL PROPERTY OFFICE
박 원 주

특허청
Korean Intellectual Property Office

그러나 이 과정이 단지 저를 위한 것만은 아니었어요. 무엇보다 이렇게 제가 쌓아온 발효연구의 성과가 다른 사람들에게도 긍정적인 영향을 끼칠 수 있다는 것은 정말 감사한 일이에요. 발효기술을 연구하고 개발하는 일은 결코 쉬운 과정이 아니지만, 그럼에도 불구하고 계속해서 연구를 이어나갈 수 있었던 것은 이 기술이 세상에 긍정적인 변화를 가져다줄 것이라는 믿음 때문이에요.

제가 그저 좋아하는 일을 열심히 해나가면서, 이 과정에서 얻어진 발효기술 덕분에 더 많은 사람들의 건강과 식생활에 도움이 된다고 생각하면 마음이 벅차고 감사할 따름입니다.

이렇게 열심히 연구하고 쌓아온 발효기술이 건강한 식문화를 만드는 데에 조금이나마 기여할 수 있다는 것은 저에게 큰 의미예요. 가끔은 머리가 쭈뼛 설 정도로 기쁘기도 하면서, 동시에 이러한 발효기술을 더욱 다듬어가는 것이 제 삶의 의무처럼 느껴졌어요. 그래서 늘, 앞으로도 발효연구를 멈추지 않고 계속해 나가고자 다짐한답니다.

이 모든 과정은 저에게 무척 감사하고 기쁜 여정이라고 생각합니다. 발효는 단순한 연구 이상의 의미를 지니며, 제 삶의 한 부분이자, 저만의 길을 개척해 나가게 해주는 소중한 선물이거든요.

물론, 이 선물이 저 혼자를 위한 선물이어서는 안 된다고 생각합니다. 모두에게 기쁜 선물이 되려면 이러한 발효의 매력을 모두가 알아야 한다고 생각하죠. 그래서 발효의 신비와 가치를 더 많은 사람들에게 전하기 위해 교육 활동과 연구 개발을 지속해 나가려는 것이에요. 농업인을 위한 발효 교육과 체험 실습 교실을 운영하면서, 발효가 단순히 기술이 아니라 생활 속에서 건강과 균형을 찾아가는 하나의 과정임을 많은 분들과 함께 체험하고 있죠.

"일상에 발효를 더하다"라는 슬로건 아래, 현대인의 불균형한 영양 섭취를 개선하고, 전통 발효식품의 명맥을 후손에게 전달하는 일은 제 평생의 목표이자 사명입니다. 발효라는 작은 씨앗이 많은 이들의 일상 속에 건강과 활력을 불어넣기를 바라며, 오늘도 발효연구와 교육을 통해 그 씨앗을 심어나가려는 것이죠.

정인숙 발효명장의 기술로 박사논문이 탄생하다

정인숙 발효명장의 오랜 발효기술과 "한국형발사미식초개발" 이라는 연구개발을 통해 토종미생물인 효모 'Saccharomyces cerevisiaeJIS(사카로마이세스 세르비시에 제이아이에스)'와 등록한 특허 '오디발사믹식초 제조방법(19-2099061호)'을 기반으로 박사논문 "오디발효식초의 특성 및 자연치유효능 연구"(2022. 선문대학교. 장만생)를 완성하였습니다.

이 논문에서는 높은 기능성을 갖춘 오디발효식초를 제조하기 위한 미생물의 선정과 제조의 최적 조건 그리고 오디식초의 기능성을 검증하는 데 그 목적을 두었습니다. 연구 범위와 방법은 오디와 전통 쌀누룩으로 알코올 및 초산발효를 유도하여 발효식초를 제조한 뒤 오디식초의 이화학적 특성과 기능성을 확인하는 것이었습니다.

연구재료 및 방법은 먼저 오디발효식초에 적합한 미생물을 선발하기 위해서 정인숙 명장이 직접 만든 전통 쌀누룩에서 활동성이 가장 강한 효모를 분리하였고, 분리한 효모로 오디와인을 발효시키고, 정인숙 명장이 개발한 초산의 씨초로 발효식초를 제조하였습니다. 그런 다음에 제조한 발효식초의 이화학적 분석과 항산화, 항당뇨 효과를 측정하고 GC/MS 대사체 분석을 실시하였습니다.

결과 및 고찰을 한 결과, 먼저, 정인숙 명장이 직접 만든 쌀누룩에서 효모를 분리하였는데, 이산화탄소 생성능, 당내성, 에탄올 생성능, 당 소모력을 고려하여 가장 우수한 균주인 Saccharomyces CerevisiaeJIS를 선발하여 와인발효와 발효식초 공정에 활용하였고, 해당균주는 한국미생물보존센터에 기탁(2019-292호, KCCM 43448)하여 사용하고 있습니다.

실험효모의 발효력 시험에서, 선발된 JIS효모의 우수성을 확인하기 위하여 상업용 균주 2종과 비교하였으며, 분석 결과 선발된 효모가 상업용 균주에 비해 당소모 능력, 알코올 생성능과 발효능력이 상업용 균주에 비해 우수하였습니다.

오디와인 발효 전후 기여한 대사산물은 총 24종으로 확인되었고, 발효에 의해 증가하였으며, 발효 중 당소모에 의해 락틱에시드, 석시닉에시드 등 유기산과 로이신, 이소로이신 등 유리아미노산, 글리코시톨, 이노시톨 등 당 알코올을 생성한다는 것을 보여주었습니다

개별 대사산물별로 비교했을 때, 선발 균주가 상업용 균주에 비해 필수 아미노산중 하나인 로이신의 함량이 가장 높았으며, 유기산인 말릭에시드 및 석시닉에시드 함량이 높게 나타났습니다.

결과 및 고찰에서는 오디발효식초 발효특성에서 씨초에서 분리한 스타터 균주와 상업용 균주를 비교했을 때, 스타터 균주를 활용한 식초의 당도는 더 높고, 더 낮은 산도를 가지고 있었으며, 맛은 더 우수하였으며, 더 높은 관능적 특성을 가진 것으로 판단하였습니다.

폴리페놀 함량 실험 결과 정인숙 명장의 씨초균을 접종했을 때 가장 높은 총 페놀함량을 가지는 것으로 나타났습니다.

오디발효식초의 항산화실험 결과에서 씨초균주를 접종하는 것이 항산화 활성 증진에 가장 적합한 것으로 나타났습니다.

군주별로 측정한 결과, 스타터균주로 제조한 식초의 폴리페놀 함량이 가장 높았으며, 항산화 활성 및 항당뇨 효과를 양성대조균과 비교했을 때, 가장 활성이 높았으며, JIS 균주로 만든 오디식초가 항산화 및 항당뇨 기능성을 갖는다는 것을 증명하였습니다.

실험 결과 요약 및 결론으로

첫째, 발효식초 제조에 적합한 효모를 선정하여 이를 사카로마이세스 세르비시에 제이아이에스로 명명하고 한국 미생물 보존센터에 기탁하여 사용하고 있습니다.

둘째, 본 연구에서 명명한 제이아이에스 효모는 쌀누룩에서 선택적으로 분리한 효모로 오디의 환경에 잘 적응하는 효모입니다.

셋째, 오디와인의 대사산물 패턴 변화를 확인 GC/MS 분석한 결과 10개의 대사산물이 접종 효모에 따라 유의적인 차이를 보였는데, 이는 동일한 사카로마이세스 세르비시애 효모라 할 지라도 발효 종료 후 생성된 대사산물은 서로 다를 수 있다는 것을 의미합니다.

넷째, 오디식초제조에 적합한 초산균을 선발 및 최적 발효조건을 도출하였는데, 종초균이 초산발효에 적합했으며, 발효 30~40일이 최적 발효기간임을 확인하였습니다.

다섯째, 오디발효식초의 항산화 항당뇨 효과의 기능성이 있다는 것을 확인하였습니다.

연구의 의의는

첫째, 당내성과 에탄올 내성이 강한 JIS균주를 선발하여 미생물 보존센터에 기탁하여, 발효식품 관련 연구자 및 기관에서 활용할 수 있다는 것입니다.

둘째, 오디와인의 발효특성과 대사체 변화 확인을 통해 오디발효식초의 맛과 향, 영양 있는 발효식초의 대중화와 항산화 항당뇨효과를 입증함으로써, 오디발효식초의 자연치유력의 기능성을 제시하였습니다.

셋째, 쌀누룩에 산재된 다양한 미생물의 활용가치와 오디가 가지고 있는 안토시아닌 색소, 플라보노이드, 라스베라트롤 등의 기능성 성분과 특징을 바탕으로 자연친화적이고 건강한 발효식초 제품을 만들 수 있을 것입니다.

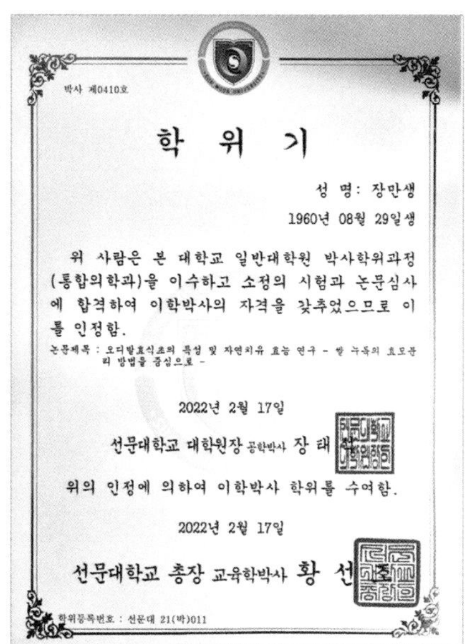

박사 제0410호

학 위 기

성 명: 장만생

1960년 08월 29일생

위 사람은 본 대학교 일반대학원 박사학위과정(통합의학과)을 이수하고 소정의 시험과 논문심사에 합격하여 이학박사의 자격을 갖추었으므로 이를 인정함.

논문제목 : 오디발효식초의 특성 및 자연치유 효능 연구 - 쌀 누룩의 효모분리 방법을 중심으로 -

2022년 2월 17일

선문대학교 대학원장 공학박사 장 태

위의 인정에 의하여 이학박사 학위를 수여함.

2022년 2월 17일

선문대학교 총장 교육학박사 황 선

학위등록번호 : 선문대 21(박)011

암환자 대상으로 무료 발효 교육을 시작하다

2010년 당시 저는 발효에 대한 전문 지식이 쌓여가고, 직접 만든 발효산물들이 완성에 가까워질수록 '이 좋은 것을 혼자만 알고 있기에는 너무 아깝다'는 생각이 들었어요. 발효의 세계는 단순히 음식이나 건강의 문제를 넘어서 인간과 자연의 조화로운 상생을 보여주는 하나의 예술과도 같거든요. 발효의 아름다움을 혼자만 경험하기에는, 마치 길을 찾은 등불을 혼자 품고 걷는 느낌이랄까요.

그래서 쉽게 떠올릴 수 있는 나눔 활동을 실천하려고 했고, 2010년 무렵부터 전국 농업기술센터에서 발효식품 강사로 활동을 시작하게 되었습니다. 많은 분들과 이 귀중한 지식을 나누고, 더불어 건강하고 풍요로운 삶을 만들고 싶은 열망이 점점 커졌기 때문이지요.

그렇게 강사로서의 활동이 무르익어가던 어느 날이 기억나네요. 그때 저는 전남 화순에 정착해서 발효와 관련된 일을 하고 있었어요. 그즈음 주변에서 소문을 들었는지 암 환자분들이 저를 찾아오기 시작했어요. 암 투병 중이시거나 항암 치료로 인해 힘겨워하는 분들이 대부분이었는데, 그분들 눈 속에 담긴 생명에 대한 간절함과 애착을 마주할 때마다 제 마음도 한없이 무거워졌습니다.

그 진지한 눈빛과 말씀을 통해, 제 발효식품 지식이 단순히 건강 보조 이상의 가치를 지닐 수 있겠다는 생각이 들었어요. 결국 그분들의 바람을 외면할 수 없어서, 암 환자분들을 대상으로 무료 발효 교육을 시작하게 되었어요. 그것은 제 인생의 중요한 전환점이었습니다.

암 환자분들과 함께 발효에 대한 공부를 하고 경험을 쌓으며, 발효가 단순히 음식을 보존하는 방법 이상의 의미를 지니고 있음을 절실히 깨닫게 되었습니다. 발효는 생명을 잇고 지탱하는 중요한 연결고리라는 생각이 들었어요. 삶을 이어가고자 하는 환자분들에게 발효식품이 단지 영양을 공급하는 것을 넘어, 작은 기쁨과 희망의 씨앗이 될 수 있다는 것을 실감했거든요. 특히 항암 치료 전후로 입맛을 잃거나, 변비로 인해 몸속에 독소가 쌓여 이중고를 겪는 분들에게 발효식초가 주는 효과는 놀라울 정도였어요. 쾌변을 통해 '똥자랑'을 하시며 얼굴에 웃음꽃이 피어나는 모습을 보면, 제가 드린 식초가 단순한 발효식품을 넘어 한 사람의 삶에 건강과 즐거움을 선사할 수 있다는 생각에 가슴이 뭉클했답니다.

사실 발효가 주는 효능과 기쁨을 단순히 '건강'이라는 말로 설명하기는 어렵습니다. 발효는 자연이 우리에게 준 선물이자 축복의 과정을 통해 만들어진 결과물이에요. 암 환자분들께서 발효를 통해 삶의 작지만 큰 변화를 경험하고, 죽

음의 공포와 싸우는 고독함 속에서 잊었던 웃음을 되찾으시는 모습을 볼 때면, 발효는 정말 어떤 말로도 표현할 수 없는 기쁨과 축복의 선물이라는 생각이 들었어요. 생명이란 정말 소중하고, 그 생명을 지키기 위해 인간은 자연과 손을 맞잡고 발효라는 과정을 통해 스스로를 돌보고 있구나 싶더라고요. 이 깨달음으로 발효에 대한 애정이 더욱더 깊어졌습니다.

그때부터 발효는 제 삶의 중심이자 사명이 되었어요. 발효의 세계에 빠져드는 건 마치 광활하고 아름다운 바다를 탐험하는 것과 같았습니다. 발효가 주는 무궁무진한 매력과 가능성에 매료되어, **'내가 선택한 이 길이 단순히 나의 인생을 위한 것이 아니라 누군가에게 청량한 생명수와 같은 희망을 줄 수 있는 길이구나'**라는 깨달음을 얻었지요. 그 순간부터 제 마음은 발효의 세계에 완전히 빠져들었고, 발효가 나의 삶과 나아가 다른 사람들의 삶에 미칠 긍정적 영향을 생각할 때마다 기쁨과 보람을 느꼈습니다.

지금도 발효를 통해 많은 분들에게 건강과 작은 기쁨을 선물할 수 있다는 사실이 큰 의미로 다가와요. 발효는 단순한 기술이 아니라, 우리의 삶을 더욱 풍요롭게 만드는 하나의 예술이란 생각이 들었어요.

발효라는 자연의 선물을 통해 사람들이 일상의 건강과 활력을 찾을 수 있다면 이 세상은 좀 더 평화롭고 풍요한 세상이 되지 않을까 생각해 봅니다. 그렇게 모두가 함께 웃는 모습을 보면서, 내 행복을 계속 누리고 싶기도 합니다.

발효를 세상에 알리자

저는 제 손으로 직접 만든 발효식품들이 건강에 얼마나 유익한지 알게 되면서, 이 소중한 기술을 더 많은 사람들에게 전하고 싶다는 마음이 커졌습니다. 그래서 앞서도 말씀드렸다시피 2010년 무렵 농업기술센터의 문을 두드리며 발효 강사의 길을 걷기 시작했어요.

처음엔 지역 농업기술센터를 돌며 교육을 진행했지만, 전국의 157개 농업기술센터를 순회하며 일 년 평균 1~2회의 교육으로 약 400명, 그리고 타 기관 체험객 및 방문객 대상 약 600명 등 연간 합계 1,000여 명의 교육으로 발효의 가치를 전한다는 것은 한계가 컸습니다. 정작 더 많은 분들에게 알리고 싶은데 시간과 노력에 비해 영향력이 너무 작다는 생각이 들었거든요. 매번 새로운 사람들과 마주하며 열심히 가르쳤지만, '과연 이걸로 충분할까?'라는 의문이 계속해서 제 마음 한편을 무겁게 했어요.

제게 주어진 시간과 자원을 다 쏟아 붓고도 한 해가 지나면 고작 몇 백 명 남짓한 분들에게만 발효의 소중함을 전달했다는 사실에 답답함을 느꼈죠. 몸과 마음은 점점 지치기만 했고요. 그래서 다른 방법을 찾아야겠다는 결심이 더욱 굳어졌습니다.

물론, 강사 활동을 병행하면서도 조금 효율적인 방법이 없을까 고심하는 시간이 길어졌어요. 발효식품의 가치를 알리는 일은 정말 보람차고 의미가 있었지만, 정작 제가 만날 수 있는 사람은 한정적이었고, 교육이 한 번씩 끝날 때마다 더 나은 방법을 찾아내야 한다는 생각이 가득했습니다.

어떻게 하면 좀 더 많은 분들과 쉽게 소통할 수 있을지, 제가 아닌 다른 사람도 자연스럽게 발효를 접하고 즐길 수 있는 방법이 없을지 고민하며 여러 가지 아이디어를 떠올렸습니다.

처음에는 책을 써볼까도 생각했어요. 하지만 발효는 직접 눈으로 보고, 손으로 익히는 것이 중요하다는 생각에 그 방법만으로는 한계가 있다고 보았어요. 책 역시 좋은 소통 수단이지만, 그것만으로는 안 된다는 의미였죠.

그러던 중, 어느 날 한 친구가 제게 유튜브를 제안해 줬습니다. 처음에는 온라인이라는 방식이 익숙지 않아 머뭇거렸지만, 많은 사람이 스마트폰으로 손쉽게 영상을 접할 수 있는 점이 점점 매력적으로 느껴졌어요.

'그래, 요즘 사람들은 다들 스마트폰을 손에 들고 있지 않나? 만약 영상을 통해 발효의 과정을 직접 보여준다면, 훨씬 더 많은 사람이 쉽게 배울 수 있겠구나.'

이런 생각이 들면서 마음이 움직이기 시작했죠. 그런 고민 끝에 더 많은 분들에게 발효의 가치를 알릴 방법으로 유튜브라는 매체를 활용하기로 결정한 거죠,

그렇게 해서 2022년 12월 말, 마침내 유튜브 채널 '정인숙 자연발효밥상'을 시작했습니다. 영상을 통해 발효식품 요리법을 하나씩 소개하며 발효의 즐거움과 효능을 많은 사람에게 전하고 있어요.

이 채널을 통해 발효의 가치를 널리 알리고, 더 나아가 전 세계 사람들이 일상에서 발효의 즐거움을 느낄 수 있도록 돕고 있어요. 매일 밥을 먹듯이 자연 발효를 우리의 식문화 속에 깊이 스며들게 하고, 발효의 작은 변화들이 일상의 건강과 기쁨이 되는 그 순간을 많은 이들과 나누고자 한 것이죠.

그 결과 2024년 10월, 제 채널은 하루 평균 8천여 회 조회되고 구독자도 20,000명에 이르게 되었답니다. 이렇게나 많은 분들이 발효식품에 관심을 가지시고, 제 영상을 통해 배우고 있다는 사실이 참 감사하게 느껴져요. 유튜브 채널 덕분에 그동안 접근할 수 없었던 사람들에게도 발효의 매력을 알릴 수 있게 되었고, 그 덕에 발효문화가 더 널리 퍼져가고 있는 것 같아 보람을 느낍니다.

그리고 2023년 10월에는 국가기관으로부터 민간자격관리기관 인증(2023-004997호)을 받아 **'발효식품관리사' 자격증을 발급하는 교육을 시작**하게 되었고

요, 이로써 정식으로 발효 체험학습 프로그램을 운영할 수 있게 되었죠. 이를 통해 매년 약 200명의 '발효지기'를 양성하고 있습니다. **이제는 발효를 단순히 배우는 것을 넘어서 일상생활에 적용할 수 있도록 돕고, 사람들이 직접 발효식품을 만들어서 건강을 지킬 수 있도록 돕고 있음은 물론, 자기만의 발효를 통해 새로운 제품개발로 창업할 수 있는 길을 열어주고 있습니다.**

이렇듯 발효를 알리는 여정은 오랜 시간을 들여 천천히 진행되었어요. 발효의 미덕을 마음에 간직하면서, 처음 생각과는 달라지고 있는 저를 느끼며, 더 큰 시선으로 발효문화를 바라볼 수 있을 시간을 익히고 있었던 것이지요.

아직도 나아가야 할 여정이지만, 예전보다 더 많은 사람에게 발효의 가치를 전하고, 건강한 식문화를 만드는 데에 한 발 더 다가간 것 같아 즐겁습니다. 앞으로도 더 많은 분이 발효의 매력을 경험하고, 이를 통해 삶이 더욱 건강하고 풍요로워지기를 바라는 마음입니다.

Part II.

정인숙,
모두와 함께 세상으로 흘러가기

발효의
명장으로 불리다

발효의 세계에 첫 발을 내디뎠을 때, 저는 발효를 단순히 음식의 맛을 더 좋게 하는 과정으로 생각했었습니다. 하지만 연구를 거듭할수록 발효는 단순한 조리 기술이 아니라 깊은 과학과 철학이 깃든 분야임을 깨닫게 되었어요. 발효는 재료가 시간과 자연의 힘을 통해 점진적으로 변화하는 과정이고, 그 속에는 미생물과 사람의 상호작용이 담겨있죠. 이 과정이 참으로 신비롭고 경이롭게 느껴졌습니다. 그 매력에 빠져 발효연구에 본격적으로 매진하게 되었습니다.

처음에는 발효라는 것이 얼마나 복잡하고 어려운 과정인지 잘 몰랐어요. 하지만 곧바로 매 순간이 도전의 연속이라는 것을 깨달았죠. 발효 환경을 맞추기 위해 온도와 습도를 일정하게 유지하는 일부터 시작해, 재료에 따라 발효 속도가 달라지는 미세한 차이를 조절하는 일까지 하나하나 직접 겪으며 배워나갔습니다. 특히 지역 농산물을 활용한 발효식품을 만들기 위해서는 각 재료의 특성을 충분히 이해하고, 그에 맞는 발효 환경을 설정하는 것이 매우 중요했어요. 이러한 과정에서 작은 오차만 생겨도 발효가 제대로 이루어지지 않거나 맛이 변질되는 일이 다반사였죠.

저는 이를 해결하기 위해 발효 상태를 지속적으로 관찰하며, 발효 과정에서 발생하는 다양한 변수를 하나하나 기록해 나갔습니다. 20년이 넘는 길다면 길고, 짧다면 짧은 여정을 그렇게 걸어왔습니다. 그러고 나니 어느덧 저를 '명장'이라 부르는 분들이 생기기 시작했습니다.

유인균 발효명장

처음에는 얼떨떨했는데, '유인균 발효명장'이라는 타이틀을 받았을 때는 정말 가슴 벅찬 기분이 들었습니다. 그동안의 노고를 인정받는 기분에 무척 자랑스러웠죠.

하지만 점점 더 무게감이 느껴지기 시작했습니다. 명장이라는 이름이 단순한 수상이 아닌, 사회적 책임과 신뢰를 포함한다는 걸 실감하게 되었거든요. '내가 이 칭호에 걸맞은 기여를 하고 있는가?'라는 질문을 스스로에게 던지고 있었고, 끊임없이 제 자신을 향한 성찰로 이어졌습니다.

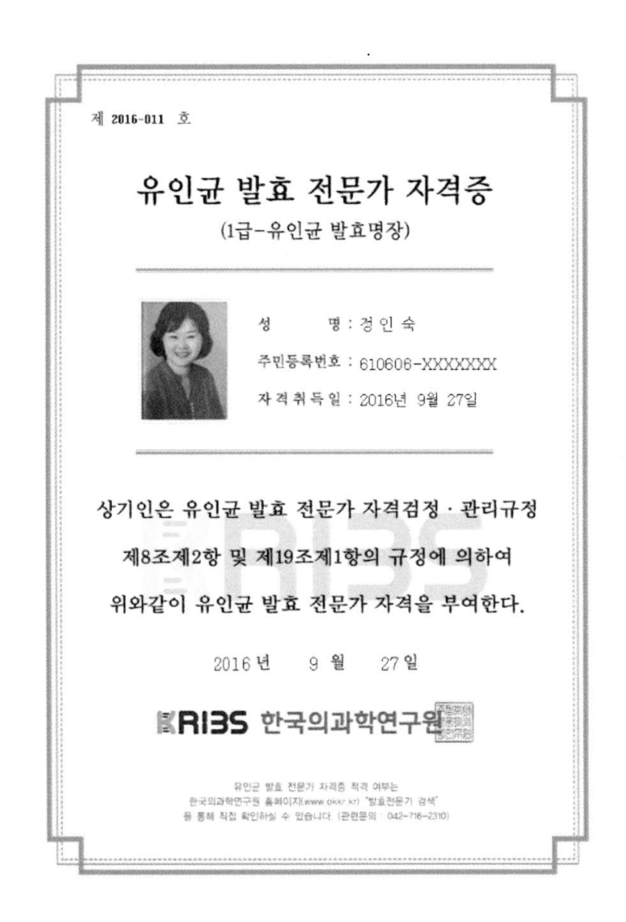

제 2016-011 호

유인균 발효 전문가 자격증

(1급-유인균 발효명장)

성 명 : 정 인 숙

주민등록번호 : 610606-XXXXXXX

자격취득일 : 2016년 9월 27일

상기인은 유인균 발효 전문가 자격검정 · 관리규정
제8조제2항 및 제19조제1항의 규정에 의하여
위와같이 유인균 발효 전문가 자격을 부여한다.

2016 년 9 월 27 일

KRIBS 한국의과학연구원

유인균 발효 전문가 자격증 적격 여부는
한국의과학연구원 홈페이지(www.okkr.kr) "발효전문가 검색"
을 통해 직접 확인하실 수 있습니다. (관련문의 : 042-716-2310)

《 유인균 발효명장이란 》

한국의과학연구원은 생명의과학 발전과 기술개발의 중심에서 중추적인 역할을 수행하며, 생명 현상의 근본적 이해를 위한 기초연구, 보건의료, 식량증산, 바이오신소재 등 첨단 생명과학 연구를 수행하는 국내 유일의 바이오의과학 전문 연구기관입니다. 한국의과학연구원은 우리 고유의 발효문화를 체계화하고 세계화하기 위하여 전문가 자격인증제도를 운영하고 있는데, 그 중 하나가 '발효명장' 인증제도입니다.

특히 인체에 유익하게 작용하는 미생물인 유인균에 대한 연구를 수행하고 있는데, 연구 활성화를 위한 방편의 하나로 발효와 관련된 '발효명장' 제도를 운영하고 있습니다. 2015년 첫 발효명장이 등록된 이후로 매년 일정한 자격을 갖춘 사람을 대상으로 발효명장의 지위를 부여하고 있으며, 농업회사법인 ㈜초정의 정인숙 대표는 2016년 9월 27일 발효명장으로 등록되었습니다.

'발효명장'으로 불리기 시작하면서 저 혼자만의 성취에 머무는 것이 아니라, 발효의 가치를 사회적으로 널리 알리고 공유하며 실천하는 사람들을 늘려가야 한다는 생각이 점점 확고해졌어요.

발효가 건강을 위한 자연치유 수단이자, 지속가능한 미래를 위한 해결책으로 자리 잡을 수 있도록 하는 일에 제가 보탬이 되기를 바랐어요. 무엇보다 저 혼자만의 일시적인 노력에 그치는 것이 아니라 많은 이들이 함께 발효의 길에 동참하고, 그 열망이 사회 전체에 퍼져 나가길 바랐습니다.

상을 받을 때마다 이러한 다짐은 더 강해졌고, 그로 인해 저는 발효의 길에서 한층 성숙한 방향성을 찾을 수 있었습니다. 제 분야에서 발자취를 남길 때마다 그만큼 땅의 무게가 중력을 거슬러 제 발바닥으로 차오르는 힘을 느꼈다고 해야 할까요? 땅에서 얻은 것을 땅에 돌려주기 위한 부채감이라고 해야 할까요?

단순히 저 자신의 영예를 위한 것이 아니라 땅에서 땅으로 연결되는 우리의 터전에 있는 많은 사람들의 살아 숨 쉬는 문화적 방식에 남아있고자 하는 바람이라고 해야 할까요? 어느 것이든 좋았습니다. 제가 좋아하던 흔적이 세상에도 좋은 흔적으로 남을 수 있다면, 그러고 싶어졌으니까요.

특히나 현대인들이 겪는 다양한 건강 문제를 해결하는 데 발효식품이 얼마나 중요한 역할을 하는지 저는 오랜 연구를 통해 깨달아왔습니다. 발효식품은 단순히 전통적인 음식 문화로 남아 있는 것이 아니라, 현대의 식문화에서도 그 역할을 이어가고 있습니다. 음식문화도 전통에만 고여 있지 않고 끊임없이 변화하기 마련이죠.

저는 그런 거대하고 유장한 흐름을 20년 이상 느끼면서 발효연구에 매진해왔습니다. 고추장, 된장, 간장 같은 조미료뿐 아니라 김치와 같은 기본 밑반찬, 그리고 현대인의 영양 불균형을 해결할 다양한 건강식까지 300가지가 넘는 레시피를 개발했고, 또 계속 진행 중이죠. 그것은 제 기쁨의 원천이기도 하지만, 더 많은 사람의 기쁨이었으면 좋겠다고 생각했던 거죠.

꿈이 커질수록, 책임감도 커졌다고 해야겠습니다. 더 많은 사람이 필요했습니다. 서로를 이해하고 함께 미래를 공유할 동료들이었죠. 제게 주어진 상 하나하나는 그런 사람들을 불러 모을 근거가 될지도 모른다는 생각을 어렴풋이 했어요. 그리고 예전보다 더 활기찬 미래를 구상하기 시작했고요.

혼자는 멀리 못 가지만, 함께 가면 멀리 갈 수 있으니까요. 수상 소식 하나하나가 부채감으로만 남지 않고 조금은 화창한 미래를 꿈꿀 수 있는 근거가 되어주길 바랐어요.

그러면 여기서 잠시, 이미 언급한 "유인균 발표명장"을 시작으로, 미래를 준비하는 감격의 순간들을 되짚어보겠습니다.

대한민국 발명특허대전 동상 수상

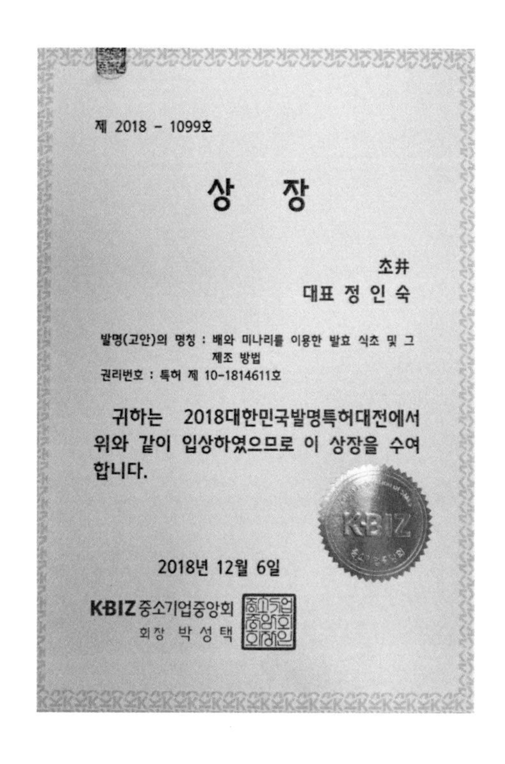
제 2018 - 1099호

상 장

초井
대표 정 인 숙

발명(고안)의 명칭 : 배와 미나리를 이용한 발효 식초 및 그 제조 방법
권리번호 : 특허 제 10-1814611호

귀하는 2018대한민국발명특허대전에서 위와 같이 입상하였으므로 이 상장을 수여합니다.

2018년 12월 6일

KBIZ 중소기업중앙회
회장 박 성 택

그동안의 연구 성과 덕분에 사회적으로도 인정받아 다양한 수상 실적으로 이어졌습니다. 2016년에는 한국의과학연구원에서 주관하는 '발효명장' 제도를 통해 발효명장으로 선정되었고, 그 이후로도 꾸준히 제 연구의 가치를 인정받으며 여러 상을 수상하게 되었어요.

우선, 2018년에는 대한민국 발명특허대전에서 "배와 미나리를 이용한 발효식초 및 그 제조 방법"으로 동상인 중소기업중앙회장상을 받았고요. 발효식초의 유익한 효능을 높이는 기술을 특허 등록해, 이를 더욱 효과적인 제품으로 개발하는 데 성공한 것이 수상 배경이었습니다.

《 대한민국 발명특허대전 동상 수상 》

대한민국 발명특허대전은 국내 우수발명을 발굴하여 전시 및 포상하고 우수 특허제품의 판로 개척 및 특허기술의 사업화를 촉진하기 위한 행사입니다. 특허청이 주최하고 한국발명진흥회가 주관하며, 과학기술정보통신부 및 산업통산자원부 등 다양한 기관에서 후원하는 국내 최대 규모의 발명 전시회입니다.

농업회사법인 ㈜초정의 정인숙 대표는 2018년 "배와 미나리를 이용한 발효식초 및 그 제조방법(등록 10-1814611)"으로 동상인 중소기업중앙회장상을 수상하였습니다.

지식재산 유공 중소벤처기업부 장관 표창

또한 2019년에는 지식재산 발전에 기여한 공로를 인정받아 중소벤처기업부로부터 장관 표창을 수상했습니다. 이 표창은 지식재산 발전에 공헌한 유공자에게 주어지는 것으로, 발효식초와 관련된 특허 기술을 통해 이 상을 받을 수 있었습니다. 연구를 통해 개발한 발효식품이 소비자들에게 건강한 먹거리를 제공하며, 이로 인해 지역 농산물의 부가가치를 높이는 역할을 한다는 평가를 받은 것이죠.

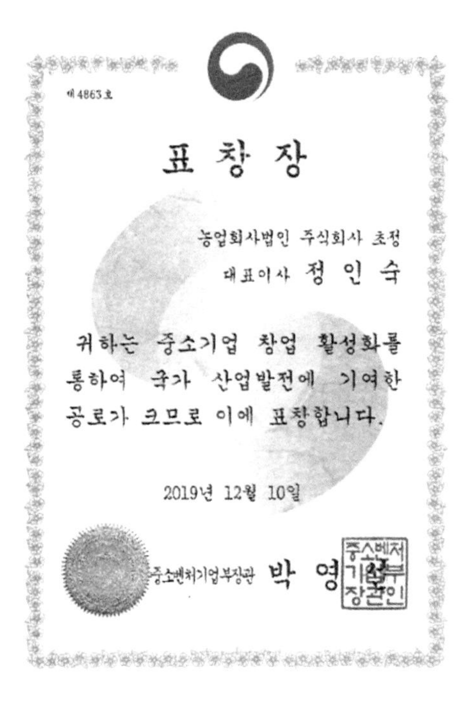
제4863호

표 창 장

농업회사법인 주식회사 초정
대표이사 정 인 숙

귀하는 중소기업 창업 활성화를 통하여 국가 산업발전에 기여한 공로가 크므로 이에 표창합니다.

2019년 12월 10일

중소벤처기업부장관 박 영 선

중소벤처기업부장관인

《 지식재산 유공 중소벤처기업부 장관 표창 》

2019년 제2회 지식재산의 날을 맞이하여 대통령 소속 국가지식재산위원회에서는 지식재산 발전에 공헌한 유공자 및 단체를 발굴·포상하여 관련분야 종사자의 사기진작 및 대국민 인식 제고를 위해 포상행사를 실시하였습니다.

곡성군 소재 농업회사법인 ㈜초정의 정인숙 대표는 인류 역사상 술과 함께 가장 오래된 식료품 중 하나인 식초의 건강 및 미용 효과를 극대화할 수 있는 다양한 발효식품을 꾸준히 연구하면서, 70여 개 이상의 제품 및 15개 이상의 발명특허를 보유하고 있습니다. 그는 정부 부처로부터 이러한 지식재산에 대한 인증을 받아 2019년 중소벤처기업부장관 표창의 영예를 안았습니다.

식품기술대상 농림축산식품부 장관상 수상

그런가 하면 저는 한국의 발효식초를 활용한 다양한 요리와 레시피 개발을 통해 우리 음식의 가치를 알리는 데 노력해 왔습니다. 한국의 전통 발효식품이 세계적인 미식산업에서 인정받을 수 있으면 좋겠다는 바람 때문이었어요.

그리고 그 덕분에 2020년에는 한국식품연구원에서 주관하는 식품기술대상에서 최고의 영예인 농림축산식품부장관상을 수상하였습니다.

《 식품기술대상 농림축산식품부 장관상 수상 》

농업회사법인 ㈜초정의 정인숙 대표는 2020 한국식품연구원 식품기술대상 농림축산식품부 장관상을 수상하였습니다. 한국식품연구원이 주관하는 2020년도 식품기술대상은 국내 식품기업을 대상으로 국내에서 생산 및 출시되는 식품 전 부문을 평가하여 이 중 우수한 식품을 선정하게 됩니다. 본 시상식에서 곡성 옥과면에서 생산하는 농업회사법인 ㈜초정 정인숙의 한국형 뽕 발사믹 식초가 영예의 대상을 받았습니다.

㈜초정은 전통발효식품에 대해 2020년 현재 87여 개 제품을 자체 연구 개발하면서, 16개의 발명특허를 등록하고 중소기업창업성장 기술개발 과제로 자신만의 토종미생물인 Saccaromyces cerevisiae JIS를 개발해 발사믹식초에 적용하였습니다.

대한민국 식생활교육대상 수상

2022년에는 대한민국 식생활교육대상을 수상하면서 국민 건강 증진과 지속 가능한 식문화에 기여한 점을 다시 한번 인정받게 되었습니다.

전통 발효의 과정을 통해 만들어진 식초는 단순한 조미료가 아니라, 건강과 밀접하게 연결된 생활의 한 부분이 되었다고 생각합니다. 저는 이 점을 명심하면서, 우리 전통 발효문화가 현대 생활 속에서 더욱 빛을 발할 수 있도록 다양한 활동을 이어가고 있습니다.

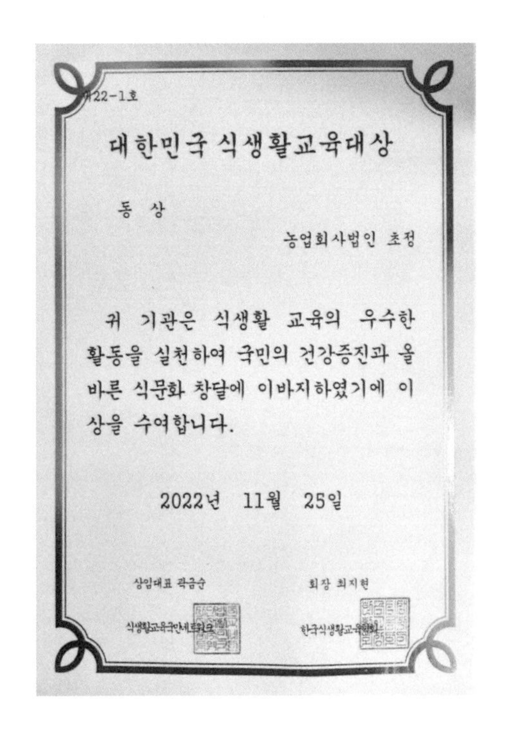

22-1호

대한민국 식생활교육대상

동 상

농업회사법인 초정

귀 기관은 식생활 교육의 우수한 활동을 실천하여 국민의 건강증진과 올바른 식문화 창달에 이바지하였기에 이 상을 수여합니다.

2022년 11월 25일

상임대표 곽금순 회장 최지현

식생활교육국민네트워크 한국식생활교육학회

《 대한민국 식생활교육대상 수상 》

대한민국 식생활교육대상은 다양한 분야에서 식생활교육의 실천적 활동을 통해 지속가능한 식생활환경 조성, 국민 건강 증진, 농업·농촌의 가치 인식과 지역농업 활성화 등에 기여한 개인 또는 단체를 발굴해 포상하는 것으로, 2018년부터 농림축산식품부와 식생활교육지원센터가 주최하고 한국식생활교육학회가 주관하고 있습니다.

농업회사법인 ㈜초정의 정인숙 대표는 2022년 전통발효를 이용한 식초 제품의 국민건강 증진에 대한 공헌을 인정받아 영예의 대한민국 식생활교육대상을 수상하였습니다.

상장의 의미, 지속 가능한 미래 발효식문화 전달자

수상의 순간은 제가 지난 20년간 오직 발효만을 생각하며 쌓아온 노력과 열정이 비로소 인정받는 사건이기도 했고, 앞으로 더 많은 사람들과 새로운 도전을 함께할 준비를 다지는 과정이기도 합니다. 발효연구에 몰입하는 과정은 인간의 건강과 환경, 그리고 지속 가능한 미래를 위한 중요한 길을 찾는 여정이었어요. 발효로 단순히 맛있는 음식을 얻겠다는 소박한 수준을 넘어서, 환경과 미래세대를 생각하는 책임과도 같다고 느껴요.

좀 철학적일 수 있는데, 어쩌다 보니, 발효식품으로 인생을 곱씹는 지경에 이를 만큼 '발효'를 사랑한다고 해야 할 것 같아요.

과학적으로만 말하자면, 발효는 자연의 작은 미생물들이 사람에게 유익한 방식으로 음식을 변형시키는 과정입니다. 이 과정에서 음식은 우리 몸에 더 쉽게 흡수되고, 필요한 영양소를 공급해주죠. 그리고 발효가 진행되면서 발생하는 이로운 미생물들은 우리 몸에 이로운 역할을 하며, 더 건강한 삶을 위한 자연의 선물이 됩니다. 발효 과정에서 사용하는 자연 재료들은 인위적인 화학성분 없이도 우리에게 필요한 영양소와 맛을 제공해줍니다.

이는 우리가 환경을 해치지 않고 자연 그대로의 방식으로 건강을 지킬 수 있는 방법을 보여주죠. 그래서 발효를 잘 활용할 때 지속 가능한 식문화를 만들어 갈 수 있다고 믿어요. 우리가 발효를 통해 얻는 이익은 단순히 먹거리의 만족에 그치지 않고, 환경과 인류의 미래에도 큰 영향을 미치는 것이죠.

이제 제가 해야 할 일은, 그동안 발효에 몰입하며 쌓아온 경험과 지식을 미래세대에게 전하는 일입니다. 발효의 가치는 단순히 우리 세대에서 끝나는 것이 아니라, 앞으로 더 많은 이들이 함께 공유하며 즐길 수 있도록 널리 알려야 할 문화라고 생각해요. 또한, 더 많은 사람들이 발효를 통해 건강한 삶을 누릴 수 있도록 돕고 싶습니다.

모든 나라의 빌효문화가 그렇겠지만, 우리의 발효 기법과 음식을 보면, 우리 조상들의 지혜와 자연의 힘이 결합된 산물이라는 것을 느껴요. 이 전통의 발효

과정을 통해 우리는 자연과 사람, 환경이 하나로 어우러질 수 있다는 것을 배울 수 있죠.

그리고 우리 식의 발효가 지닌 가치가 더 많은 사람들에게 닿아, 세상 곳곳에서 우리의 발효 음식이 사랑받기를 진심으로 바라죠. 심지어 꼭 우리의 발효 음식이 아니어도 괜찮아요.

자연이 선물한 발효 자체의 매력을 알고, 작은 씨앗처럼 태동한 발효의 가치가 사람들 사이에서 퍼져나가고, 더 넓은 세상으로 전해져 함께 누릴 수 있는 건강한 식문화로 자리잡기를 소망합니다.

저 역시 이러한 일에 동참하여 기여하고 싶고, 제 힘이 닿는 한 사람들에게 이 소중한 가치를 알리고자 최선을 다하고 있는 것이죠.

초정생활발효학교를 거점 삼아

저는 발효를 연구하고 가르치면서, 또 사회적인 인정을 받을수록 책임감이 들었습니다. 그때부터 늘 한 가지 생각을 품고 있었어요.

발효의 길을 혼자 걸어가고, 그것이 저 하나의 노력으로 머문다면 언젠가는 개인적인 성취에 그치고 말 것이라는 염려였죠. 하지만 발효의 가치를 많은 이들이 함께 느끼고 실천할 수 있다면, 그것은 씨앗이 되어 세상 곳곳으로 퍼져나갈 수 있지 않을까 하는 바람이 생기기도 했어요. 저 혼자의 열정과 노력만으로는 한계가 있겠지만, 함께 발효의 길을 걸어갈 동료와 제자들이 있다면 그 바람이 더 넓은 세상의 들판으로 번져갈 수 있을 것이라 믿었습니다.

이러한 믿음을 토대로 '초정생활발효학교'를 설립할 수 있었어요. 이곳은 단순히 발효식품을 만들고 체험하는 공간을 넘어서, 발효의 가치를 함께 나누고, 우리 삶에 스며들게 하는 교육기관으로 자리 잡기를 바랐습니다. 발효가 가져다주는 건강과 지속가능성의 가치를 더 많은 이들이 알게 되어, 이를 일상 속에서 실천할 수 있도록 돕는 일. 이것이야말로 제가 할 수 있는 유의미한 사회적 기여가 아닐까 하는 생각에서 시작하게 된 것입니다.

이러한 믿음 아래 저는 농업회사법인 ㈜초정의 대표로서, 전통 발효식품의 과학화를 통해 모든 사람에게 건강하고 풍요로운 삶을 선사하고자 '초정생활발효학교'를 전라남도 곡성군 옥과면에 설립한 것이었어요.

초정생활발효학교 설립(2014)

초정생활발효학교 설립(2014)

초정생활발효학교는 발효를 통해 건강하고 균형 잡힌 삶을 이루는 길을 널리 알리고자 하는 공간이에요. 발효의 과학화로 자연의 미생물과 인간이 하나가 되는 전통 발효식품 체험학습을 제공하고, 이를 통해 '건강 120세'를 실현하고자 하였죠.

현대인은 많은 경우 불규칙한 식사와 빠르게 소비되는 음식들로 인해 영양의 균형을 잃기 쉽습니다. 발효식품은 이러한 현대인의 영양 불균형을 치유할 수 있는 자연의 선물이라고 할 수 있습니다. 저는 학교를 통해 전통 발효식품의 중요성을 직접 체험하고 배우며, 발효의 깊은 가치를 깨닫는 기회를 제공하고자 합니다.

학교에서는 지역 농업인들을 위한 발효 교육뿐만 아니라, 현대의 건강 문제를 해결할 수 있는 전통 발효식품의 체험 프로그램을 마련하고 있어요. 발효는 단순히 음식의 맛을 높이는 기술이 아니라, 인간의 건강을 책임지는 역할을 하고 있습니다. 특히 미세먼지, 환경호르몬, 그리고 각종 식품첨가제 등으로 인해 우리의 건강이 위협받는 요즘, 발효는 건강한 삶을 되찾는 방법으로 주목받고 있죠. 이를 위해 학교에서는 웰빙 건강과 행복한 장수를 목표로 삼아 생활 속에서 전통 발효문화를 실천하고, 이를 미래 세대에게 전하기 위해 다양한 프로그램을 운영하고 있습니다.

발효식품 제조과정

전통발효의 이해,
발효미생물의 이해 및 활용,
식초 만들기, 전통주 만들기

발효식품 활용과정

흑초 만들기, 과일식초 만들기,
곡물식초 만들기, 음식에의 적용

제품개발 기획/창업

상품 콘셉트 기획, 제조 방법 개발,
창업 준비, 특허전략,
정부 지원 사업

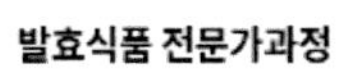

이양주, 삼양주 만들기, 발효식품
활용, 한국형 발사믹 식초 만들기,
발효 소스 만들기

도제식 교육

발효식품 전과정 1:1 교육
(매주 1회 이상 3개월)

**쌀누룩코지
제조 및 활용 과정**

쌀누룩코지의 이해, 황국균의 활용, 쌀누룩 소금,
쌀누룩 된장, 쌀누룩 고추장,
쌀누룩 요구르트 및 음료 만들기

이를 위해 초정생활발효학교에는 발효음식 식문화를 체험할 수 있는 체험실, 다양한 발효 공정을 위한 전통 방식의 발효실, 그리고 자연친화적인 발효제품을 제조할 수 있는 제조실 등 발효를 위한 완벽한 공간이 구축되어 있습니다.

체험실 & 카페

EXPERIENCE ROOM & CAFE

직접 손으로 빚은 전통발효식초를 활용한
건강한 음료와 식사, 그리고 다양한 식문화를
체험할 수 있는 최적의 환경

발효실

FERMENTATION ROOM

고온/중온/숙성 발효실 등 각종 온습도가
구분되어 있는 전통주와 식초, 쌀누룩 등
전통 발효음식을 전통방식으로 숙성하는
공간

제조실

MANUFACTURING ROOM

천연발효식초, 발효식품, 즉석식품 등
내 몸을 웃게 만드는 건강하고
자연친화적인 제품을 생산하고 있는 공간

사실 제가 그동안 20년이라는 세월을 견디며 시행착오도 겪으면서, 홀로 발효 연구에 매진할 때 종종 상상하곤 했어요. 누군가와 함께 발효에 최적화된 시설에서 함께 작업을 수행하면 좋겠다는 상상이었죠.

오래 전에는 그저 웃고 말 기분 좋은 상상일 뿐이었는데, 실제로 그것을 실천할 수 있게 되어서 기분이 이상했죠. 나쁜 기분일 리는 없었어요. 이것을 지속가능하게 하고 싶다는 열망으로 가득 찼고요. 몇 년 가다가 포기할 일이라면 하지 않는 편이 나았죠. 중도에 포기하지 않으려면, 더 많은 사람들이 발효의 매력을 알아야 했어요. 힘들 때 서로가 밀고 당겨주어야 끝까지 갈 수 있으니까요. 당시 저는 안팎으로 그것만 고심하곤 했습니다.

그리고 그 와중에 활발한 체험프로그램의 공로를 인정받기도 했습니다. 초정생활발효학교는 2020년 농림축산식품부로부터 '농어촌식생활 우수체험공간'으로 선정되는 영광을 누린 것이었어요.

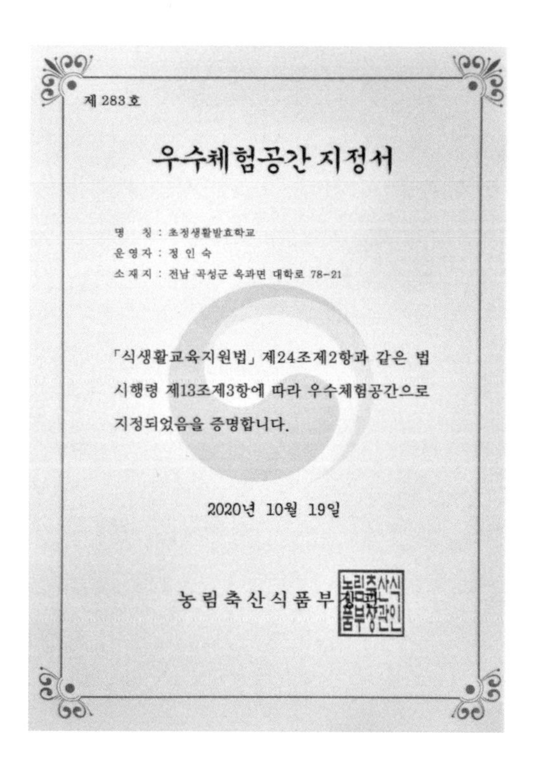

제 283호

우수체험공간 지정서

명　칭 : 초정생활발효학교
운영자 : 정 인 숙
소재지 : 전남 곡성군 옥과면 대학로 78-21

「식생활교육지원법」 제24조제2항과 같은 법 시행령 제13조제3항에 따라 우수체험공간으로 지정되었음을 증명합니다.

2020년 10월 19일

농 림 축 산 식 품 부

초정생활발효학교의 궁극적 목표

우리 학교의 목표는 단순히 발효기술을 교육하는 것에 머물지 않습니다. 한 사람의 사회인이면서 전 인격체로서 발효의 가치와 문화의 소중함을 알고 그것을 자신의 전문성의 토대로 삼기를 바라죠. 한마디로 제 동료들을 육성하려는 바람을 담뿍 담았다고 보시면 돼요. 오래도록 서로 지지고 볶으면서 잔뼈 굵은 발효 전문가들이 이 땅의 음식문화에 조금이라도 기여할 수 있다면, 그게 바로 우리 학교의 취지에 가장 부합한다는 생각이 들어요. 그래서 단순히 기술을 알려준다기보다는 우리가 하는 일의 의미를 알려주고 싶어요. 스스로의 관심사에 긍지를 지닐 수 있길 바라는 거죠.

물론 우리 초정생활발효학교에서는 전통 발효식품의 제조 과정에 대한 기본적인 이해를 돕는 것에서 더 나아가, 이를 실생활에 적용할 수 있는 교육 프로그램을 다양하게 진행하고 있습니다.

특히 한국 전통 식재료 중 하나인 쌀을 발효시켜 만든 쌀누룩을 활용하여 다양한 양념과 간식거리를 만드는 법을 교육하고 있습니다. 쌀누룩은 자연에서 유래된 순수한 발효물로, 우리의 몸에 유익할 뿐만 아니라 한국적인 건강식을 만드는 데 큰 도움을 주거든요. 학교에서는 이를 통해 현대인들이 발효를 일상에서 쉽게 실천할 수 있도록 돕고 있으며, 이를 통해 건강한 식문화가 널리 퍼져나가기를 바라죠. 모두가 손쉽게 접근할 있는 발효 기법을 적용해서, 발효의 매력을 느끼고 자발적으로 발효문화의 형성에 참여해주기를 바라는 것이에요.

또한, 전통 발효식품의 대표 주자인 식초와 주류의 매력도 꾸준히 알리고 있어요. 저는 이 두 가지 발효식품이 가진 강력한 치유력과 풍미에 대해 오랫동안 주목해 왔으니까요. 당연히 초정생활발효학교에서도 식초와 주류의 발효 과정을 다룬 다양한 레시피를 개발하여, 그 레시피를 지자체와 일반인에게 보급하는 활동을 꾸준히 진행하고 있습니다.

그뿐 아니라, 발효의 가치를 더 널리 알리기 위해 새로운 레시피 개발과 창업을 위한 지원도 아끼지 않고 있어요. 저에게 있어 발효는 그저 맛있는 음식의 영역을 넘어, 사회적 가치를 창출하고 사람들에게 건강을 선사하는 중요한 일이거든요. 그래서 더욱 많은 사람들이 발효를 통해 삶의 질을 높이고, 또 자신의 일상 속에서 발효의 가치를 실천할 수 있도록 돕고 싶은 겁니다.

웰빙 건강, 행복 장수를 목표로

생활 속 전통발효문화 실천

미세먼지, 환경호르몬, 식품 첨가제

건강 저해 물질 대응

전통발효식품 생활화로 후손들에게

건강한 슬로푸드 식문화 계승

자연과 미생물과의 친화로

숙성된 자아상 정립

자연이 주는 혜택을 통해 우리의 삶을 더욱 풍요롭게 만들고, 후손들에게 건강한 슬로푸드 문화를 이어주는 것이 제 사명이라고 생각해요. 발효는 인간의 건강과 환경을 동시에 생각하는 지속 가능한 삶을 위한 작은 씨앗입니다. 이 작은 씨앗이 초정생활발효학교에서 시작되어 더 넓은 세상으로 퍼져나가기를 소망합니다. 그래서 시도해보겠다는 사람을 최대한 돕고 싶은 것은 자연스러운 제 진심이죠.

저 역시 초정생활발효학교를 세울 때의 마음, 그 전에 발효의 매력에 흠뻑 빠져서 강사 활동을 시작할 때의 마음이 생각나곤 했거든요. 많은 이들이 발효의 진정한 가치를 경험하고, 그것이 일상 속에서 자리 잡을 수 있기를 바랐고, 더 나아가 발효가 주는 힘과 기쁨이 미래 세대까지 널리 퍼지기를 진심으로 바라기 때문에, 그런 마음들을 발견하게 되면 가만히 있지를 못하겠더라고요. 저는 혼자서 개척해야 했지만, 다른 분들은 점점 더 늘어난 동료들의 조언을 받을 수 있기를 바라는 거죠. 제가 그 첫 번째 동료가 되고 싶은 것이고요.

마치 전도를 위한 여행을 떠나듯, 포교를 위해 마을 곳곳으로 돌아다니듯 부지런히 발품도 팔고, 유튜브도 하고, 발효의 매력을 알릴 수 있는 건 그것이 무엇이든 해야겠다고 마음먹었죠.

전국 각지의 농업기술센터 방문 활동

지금도 저는 발효식품의 우수성을 더 많은 사람들에게 알리기 위해 전국을 누비며 노력하고 있습니다. 발효의 깊이와 가치를 전하고, 한국의 자연발효식품이 가진 매력을 알리기 위해 농업기술센터를 찾아 전국 곳곳에서 강의를 이어가고 있어요. 2010년부터 이어오던 일이고, 점점 더 발효를 알리는 일의 중요성이 커지고 있습니다.

초정생활발효학교에서 다양한 프로그램을 마련하고 있지만, 멀어서 오시기 어려운 분들을 떠올리니 직접 찾아가고 싶어지더라고요. 유튜브를 시작할 때도 더 많은 분들이 발효문화의 첨병이 되기를 바라는 마음이 컸죠. 또 효율성만 따지면 유튜브만 하면 될 것 같지만, 직접 얼굴을 맞대고 하는 건 또 다른 차원의 일이라 결코 소홀히 할 수 없어요. 일부러 센터까지 찾아와서 강의를 듣는다는 건

관심도가 큰 것이라 볼 수 있으니까요. 이런 분들이 제한적이라, 더 많은 분들에게 노출되는 것을 고민하기도 했지만, 분명 모두 결이 다른 참여자들이라고 생각해요. 이 모든 순간을 성실하게 여길 때, 그중에서 발효문화에 진지한 관심을 지닌 분이 한 분이라도 더 생겨날 것으로 생각해요. 시간과 노력의 발효라고 생각하는 거죠. 또 열망의 깊이만큼 작은 실천들이 쌓여서 만들어지는 큰 울림을 믿기 때문입니다.

사실 2010년에 처음 강의를 준비할 때는 그 정도까지 열혈하지는 않은데다가 경험도 없어서 그랬는지, 여러 모로 쉽지 않았습니다. 발효에 처음 관심을 두신 분들부터 이미 발효에 대한 기본 지식이 있는 분들까지 다양한 분들과 어떻게 소통해야 할지 고민이 많았어요. 하지만 제가 직접 개발한 자연발효식품의 효과를 통해 많은 분들이 발효음식의 매력을 경험하도록 하고, 쉬운 레시피부터 직접 만들어보게 했더니 효과가 있더라고요. 제가 바라는 만큼은 아니어도 레시피 하나를 배우는 모습이 진지했거든요. 그만큼 발효의 매력에 집중했던 것이죠. 제가 고민하고 노력하여 시간을 들인 만큼, 누군가의 마음에 발효에 대한 아름다운 순간이 있었을 것으로 생각하니, 나중에는 보람을 찾게 되었고요. 그렇게 거르지 않고 부지런히, 전국적인 발효 강의를 이어가게 되었죠.

저는 소중한 발효문화를 더 널리 알리고, 일상에서 쉽게 실천할 수 있도록 앞으로도 전국 어디든 달려가려고 합니다. 진실한 순간에는 헛수고가 없고, 발효는 시간이 쌓일수록 깊이를 더해가는 문화라고 믿으니까요. 우리 인생에서도 그렇지 않을까 싶어요. 저의 발걸음 하나도 어딘가에 발자국 그 자체로 남아서 지금도 발효되고 있을 것으로 믿고요. 그리고 거기서 뜻밖에 예상치 않았던 좋은 기운이 솟아나지는 않을까 상상해 봅니다.

발효에 대한 관심이 한 사람에게서 시작되어 더 많은 이들에게 퍼져가길 바라니까요. 실제로 발효에 마음을 열고 관심을 가지신 분들 중에는 저와 뜻을 함께해 발효문화 확산에 힘써 주시는 분들도 많습니다.

그리고 그들의 모습을 볼 때마다, 그만큼 우리 모두가 건강하고 밝은 미래를 향해 나아간다고 믿습니다.

구례군 농업기술센터(2024)

거제시 농업기술센터(2023)

해남군 농업기술센터(2023)

화순군 농업기술센터(2024)

발효식품관리사 여러분,
당신들의 활약을 응원합니다

최근 건강에 대한 관심이 높아지면서 발효식품에 대한 수요가 빠르게 증가하고 있습니다. 발효식품은 건강을 증진하고 질병 예방에 도움이 되는 다양한 영양소를 포함하고 있으며, 특히 체내 소화와 대사에 긍정적인 영향을 미친다는 연구 결과가 알려지면서 발효식품에 대한 인식이 더욱 높아지고 있어요. 사람들은 몸에 유익한 식품을 선호하는 추세죠. 이러한 추세는 발효식품에 대한 관심을 더욱 끌어올리고 있으며, 앞으로도 발효식품의 인기는 꾸준히 상승할 것으로 기대됩니다.

저는 이러한 흐름 속에서 전통 발효식품 체험학습을 통해 발효의 가치를 널리 전하고자 했어요. 실제로 발효의 매력과 깊이를 전하고, 체계적으로 학습하고 연구할 기회를 제공하기 위해 많은 노력을 기울였고요.

그 덕분에 현재도 발효의 과학적 원리와 실제 적용 방법을 체계적으로 익힐 수 있는 교육 프로그램을 구성하여 '발효식품관리사'를 양성하고 있어요. 직접 경험하는 것만큼 중요한 건 없지요. 모두가 스스로 그러한 과정을 각자만의 시간을 들여서 경험해야 더 좋은 전문가로 성장할 수 있겠지만, 쓸데없이 헛도는 무의미한 시행착오는 옆에서 도와주는 것만으로도 줄여줄 수 있어요. 그렇게 되면 그들은 우리 선배들이 가보지 못한 곳까지 가볼 수 있겠다는 기대감이 생기죠.

개인적으로 생각하기에, 발효식품 전문가로 성장하는 과정은 그 자체로 큰 보람이자 자부심을 가져다줍니다. 발효의 원리를 배우고, 직접 손으로 발효 과정을 체험하면서 발효식품의 깊이를 이해하는 일은 굉장히 의미 있는 경험이에요. 이런 학습을 바탕으로, 후배님들이 자신만의 발효식품 브랜드를 창업하거나, 발효식품 제조업체나 식품 관련 기업에서 새로운 길을 열어가길 기대합니다.

발효연구는 인내와 노력이 필요한 과정이지만, 그만큼 보람 있는 일이기도 해요. 저는 발효가 우리의 식문화와 건강에 기여하는 소중한 자산이라 믿고, 이를

발효식품관리사 실습 및 수료식(2024)

배우고 연구하는 전문가들이 늘어날 때 발효의 가치가 더욱 빛날 거라고 확신합니다. 발효의 길을 함께하는 이들에게 직업에 대한 자부심, 그리고 건강한 문화를 만들어간다는 뿌듯함을 심어주기 위해 앞으로도 최선을 다하려고 해요. 함께 버팀목이 될 수 있도록 끊임없이 노력하려고 합니다.

발효연구는 제 삶의 자부심이자, 세상과 사람들에게 유익을 주는 가치 있는 일이라고 생각하니까요.

초정생활발효학교 체험

저는 지금도 여러 방향에서 제가 개발한 자연발효식품의 우수성을 알리고자 노력하고 있어요. 더 많은 사람들이 쉽게 접할 수 있도록 초정생활발효학교 체험 프로그램을 운영하고 있고요.

발효식품은 우리 건강과 식생활에 깊이 기여하는 소중한 자산이라는 확신이 있었기 때문에, 어떻게든 더 많은 사람들이 발효를 접하고, 그 매력을 느낄 수 있는 기회를 만들고자 한 것이죠.

그러다 보니 발효의 경험이 단지 전문가나 특정인들만이 즐길 수 있는 것이 아니었으면 했고, 누구나 쉽게 접하고 체험할 수 있는 개방형 기회가 되기를 바랐어요.

발효 체험 프로그램을 운영하면서도, 마치 구민회관 같은 복지시설에서 다양한 사람들이 모여 서로 소통하듯, 또 시골의 노인회관처럼 따뜻하게 교류할 수 있는 공간이 되었으면 했습니다. 마치 교회나 절에서 이루어지는 전도 프로그램처럼, 발효의 매력을 사람들에게 전하고, 발효가 주는 건강한 변화를 느끼도록 돕고 싶었고요.

발효 음식 분야는 유익함으로 가득 찬 분야니까요. 그래서 저는 더 많은 사람

비건요거트 만들기

쌀누룩 만들기

토마토와인 만들기

들이 손쉽게 발효의 세계에 발을 들이고, 이를 통해 건강하고 활기찬 삶을 누리기를 절실하게 바라죠.

발효의 매력을 전하고자 하는 저의 마음은, 마치 음악 마니아가 좋아하는 음악을 친구에게 들려주고 그들이 감동할 때 느끼는 뿌듯함과도 비슷해요. 발효는 우리의 삶에 유익한 것들로만 가득 차 있다고 확신하니, 이렇게 자신 있게 권유할 수 있는 것입니다.

저는 발효가 사람들에게 가져다줄 수 있는 기쁨과 유익함을 나누고 싶어요. 초정생활발효학교 체험 프로그램을 통해 더 많은 분들이 발효를 접하고, 이를 일상 속에서 실천하며, 발효의 깊은 매력에 흠뻑 빠져보시기를 바랍니다. 그렇게 발효가 더 많은 사람들에게 생활의 일부분이 되고, 자연과 소통하는 매개체가 되기를 기대합니다.

발효음료
가족체험교실

발효식초
강의

쌀누룩된장
만들기

발효지기와 함께 세상으로 흘러가겠습니다

저는 발효의 길을 걸으며 수많은 제자들과 함께할 수 있는 기회가 주어진 것을 큰 축복이라고 느낍니다. 발효를 배우기 위해 모여든 교육생들을 가르치며, 그들의 눈빛과 열정을 마주할 때마다 느껴지는 보람과 행복은 말로 다 할 수 없을 정도예요. 그들 한 명 한 명이 제게 직접 감사의 마음을 전할 때면, 아무리 힘든 순간이 찾아와도 힘이 솟아나곤 하죠. 그분들의 따뜻한 말 한마디가 저에게는 오랜 시간을 견디고 나아갈 수 있게 하는 자랑스러운 삶의 밑천이자, 든든한 응원군이기 때문입니다.

물론, 가끔은 그런 믿음이 흔들리고 지칠 때도 있습니다. 아무리 열심히 노력하고 최선을 다해도 생각만큼 성과가 보이지 않거나, 예상치 못한 어려움이 찾아올 때면 마음이 무겁고 나아갈 방향이 보이지 않을 때가 있죠.

그런데 그런 순간조차도 제가 의지하는 것은 늘 보관해 두었던 기억 상자입니다. 그 속에는 제가 이 길을 걸으며 만났던 소중한 순간들과 감사한 마음들이 담겨 있습니다. 때로는 작은 메모나 감사 카드 한 장, 아니면 가르쳤던 제자들이 남겨준 짧은 메시지가 제게는 큰 위로와 격려가 됩니다.

기억 상자를 열어 그 안에 담긴 따뜻한 마음들을 하나하나 떠올리다 보면, 저도 모르게 미소가 지어지고 힘이 솟아납니다.

한 제자는 제가 알려준 발효 방법으로 가족의 건강이 좋아졌다고 감사의 말을 전했고, 또 다른 제자는 발효 음식을 활용해 작은 사업을 시작하며 제게 감사의 메시지를 보내주기도 했습니다. 이런 순간들이 쌓여 제 삶의 이유가 되고, 제가 이 길을 계속 걸어갈 수 있는 원동력이 되는 것 같아요.

제자를 가르치는 마음은 아마 선생님들이라면 누구나 공감할 수 있는 면이 있겠지만, 저는 발효교육을 통해 만난 수많은 교육생들과의 인연 속에서 그 어떤 보람과도 비교할 수 없는 행복을 느낍니다. 가끔은 교육생들이 초심자였던 시절부터 조금씩 성장해가는 과정을 지켜보며 마치 부모의 마음처럼 뿌듯함을 느끼기도 합니다. 그들이 자신감을 얻고, 배운 기술을 활용해 더 나은 삶을 살아가게 될 때 느끼는 기쁨은 말로 다 표현할 수 없을 정도입니다.

발효교육을 통해 저는 단순히 지식을 전달하는 것을 넘어, 사람들과 소통하고 삶의 가치를 공유할 수 있는 귀한 경험을 하고 있는 셈입니다. 그리고 그 과정에서 제가 느끼는 잔잔한 기쁨과 행복은 정말 제 삶을 풍요롭게 만들어줍니다. 지칠 때마다 떠올리는 기억 상자의 소중한 순간들처럼, 앞으로도 이 작은 기쁨들이 쌓여 제 삶을 더 따뜻하고 의미 있게 만들어주리라 믿어요. 저 자신도 그들이 선물해 준 추억에 의지하는 셈이에요.

그들이 있어 저는 매일 새로운 마음으로 발효를 연구하고 가르칠 수 있는 거죠.

이처럼 우리의 발효 여정은 저 혼자만의 길이 아니라, 뜻을 함께하는 사람들과 나란히 걸어가는 길이라는 사실을 실감할 때가 많아요. 이 길을 함께 걷는 발효지기들이 저와 더불어 세상을 향해 발효의 씨앗을 심어가는 동반자들이라 믿습니다. 그들과 함께 나눈 대화들, 그리고 그들이 건네준 진심 어린 감사의 말들이 제 마음에 오랫동안 따스하게 남아 있거든요. 그 따스한 힘 덕분에 진실한 열망이 제 안에만 머무르지 않고, 자연스럽게 세상으로 흘러가 다른 사람들과 의미 있는 대화로 드러나게 되죠. 그럴 때면 잔잔한 기쁨과 행복이 저를 감싸고, 그 기쁨이 저만의 것이 아닌, 더 넓은 세상으로 흘러나가 더 많은 사람들에게 전해지기를 바라게 됩니다.

책 말미의 부록 편을 봐주세요. 우리 '발효지기'들의 이야기를 담아 두었습니다.

Part III.

발효 관련 기초지식과 쌀누룩 이야기

발효란 무엇인가?

저는 발효가 그저 맛을 좋게 하는 과정이 아니라, 미생물이 유기물을 분해하여 인간에게 유익한 새로운 물질로 바꿔주는 특별한 과정이라고 생각합니다. 마치 없던 것이 태어나는 것 같은데, 분명 그것이 드러나기 위한 요소는 준비되어 있죠. 그리고 마법과도 같이 숨겨진 맛이 드러나고, 유익한 물질까지 생기죠.

사실 필요 없을 폐기물 같은 분뇨를 활용하여 거름과 같은 천연 비료를 만들고 거기서 새로운 생명들이 태어나죠. 썩음으로써 새로워진다는 것이 자연의 신비라고 생각하다 보니, '비료' 역시 가끔은 '빌효'라고 발음한답니다.

어쩐지 '발효'와도 비슷하다고 여겨지니까요. 음식이 상하는 게 아니라 전혀 새롭게 태어나고 거기서 음식은 또 다른 차원으로 거듭나죠. 인생의 숙성 과정을 거쳐 어른이 되듯이 자연에도 신비로운 법칙이 있다는 생각을 늘 합니다. 신이 주신 고마운 선물이라고요.

그리고 우리는 이러한 발효를 통해 술, 빵, 김치, 요구르트, 식초 등 여러 독특한 맛과 향을 지닌 식품을 얻게 되죠. 각 발효식품에는 고유의 발효 과정이 숨어 있으며, 그 과정 덕분에 깊은 풍미와 독특한 특성이 살아나게 됩니다.

발효는 생성되는 물질에 따라 크게 알코올 발효, 젖산 발효, 아세트산 발효 등으로 나눌 수 있어요. 이때 발효에 관여하는 미생물에는 효모, 곰팡이, 세균 등이 있고, 이들이 각각의 역할을 하며 발효를 이끌어갑니다. 술이나 빵은 효모에 의해 알코올 발효를 거치면서 알코올과 이산화탄소가 만들어지고, 김치와 요구르트는 젖산균이 유기산을 생성하여 시큼하고 깊은 맛을 더해주죠. 또 식초는 초산균에 의한 초산 발효로 만들어지며, 간장과 된장은 단백질이 분해되는 아미노산 발효로 독특한 감칠맛을 내게 됩니다.

이렇듯 발효는 단순히 하나의 과정이 아니라, 각기 다른 미생물이 서로 다른 유기물을 분해하며 독창적인 결과물을 만들어내는 복잡하고도 섬세한 과정이에요. 저는 이 발효의 과정을 통해 우리가 자연과 어떻게 상호작용하며 살아가는 모습, 그리고 그 속에서 얻어지는 소중한 가치를 다시금 느낍니다. 발효는 그야말로 자연의 신비와 인간의 지혜가 만나는 놀라운 작업이라고 할 수 있죠.

발효식품의 종류

이번에는 발효에 관여하는 미생물에 대해 조금 더 깊이 살펴보겠습니다.

저는 발효미생물이 지구상 생명체가 탄생한 초기부터 존재해 왔다고 믿어요. 이들은 오랜 세월 동안 환경에 적응하면서 다양한 역할을 하게 되었고, 지금은 발효 과정에서 중요한 역할을 맡고 있죠. 발효에 관여하는 미생물은 크게 세균, 효모, 곰팡이 세 가지로 나눌 수 있습니다.

이중 먼저 세균을 보면, 발효에 유익한 세균에는 젖산균, 초산균, 그리고 고초균과 같은 미생물들이 대표적이에요. 이들은 김치, 요구르트, 식초, 된장과 청국장과 같은 발효식품의 제조에 없어서는 안 될 중요한 존재입니다. 젖산균은 유제품이나 채소에 들어 있는 당을 젖산으로 변환시켜 발효를 일으키고, 초산균은 알코올을 초산으로 바꾸어 식초를 만들며, 고초균은 콩의 단백질을 분해하는 효소로써 콩단백질을 아미노산으로 분해하는데 큰 역할을 하죠.

다음은 효모입니다. 저는 사카로마이세스 세르비시아(Saccharomyces cerevisiae)라는 효모를 들을 때마다 신기하다는 생각이 들어요. 이 효모는 빵을 부풀게 하고, 맥주나 와인과 같은 주류의 발효에도 필수적인 역할을 합니다. 그래서, 저는 Saccharomyces cerevisiae JIS(사카로마이세스 세르비시에 JIS)를 개발하여 사용하고 있죠. 이 효모가 없었다면 우리가 즐기는 술과 빵도 지금처럼 다양하고 맛있지는 않았을 거예요.

마지막으로 곰팡이입니다. 곰팡이는 간장, 된장, 치즈와 같은 숙성 식품의 발효에 중요한 역할을 하죠. 예를 들어 간장과 된장은 곰팡이가 콩을 발효시키면서 특유의 감칠맛을 내게 되고, 치즈의 숙성 과정에서도 곰팡이는 독특한 맛과 향을 부여합니다. 이러한 미생물들은 각기 다른 특성과 역할을 가지고 있어 발효식품을 다채롭게 만들어 주죠.

발효미생물은 단순히 음식 맛을 좋게 하는 것에 그치지 않아요. 저는 발효를 통해 이들이 식품의 영양가와 보존성을 높여준다는 점이 특히 가치 있다고 생각해요. 또 이들은 식품 제조뿐만 아니라 의약품 및 화장품생산, 환경 정화, 산업용 물질 생산 등 여러 분야에서도 중요한 역할을 하고 있어요. 발효미생물 덕분에 식품의 풍미와 가치는 물론, 건강에도 도움이 되는 다양한 효과를 얻을 수 있는 것이죠.

각 나라와 지역에는 특색 있는 발효식품들이 존재하며, 그만큼 다양한 미생물이 활용됩니다. 예를 들어 알코올 발효를 통해 맥주, 와인, 사케, 막걸리 같은 주류가 만들어지고, 젖산 발효로는 김치, 요구르트, 치즈, 피클 등이 탄생하죠. 초산 발효는 식초를, 콩 발효를 통해서는 간장, 된장, 고추장과 같은 독특한 장류를 만듭니다. 저는 이러한 발효식품들이 오랜 세월에 걸쳐 전해 내려오며, 우리에게 건강과 맛, 그리고 문화적 가치를 전해준다고 생각합니다.

※ 더 알아두기: 유럽의 발효음식

유럽 역시 오래전부터 다양한 발효식품이 발전해 왔는데, 대표적인 발효식품으로는 치즈, 요구르트, 그리고 발효빵이 있습니다. 특히 치즈는 유럽 여러 나라에서 다양한 방법으로 만들어지고 있습니다. 우리가 자주 마시는 요구르트는 발효된 우유로 만들어져 소화에 도움을 주고, 프로바이오틱스가 풍부하여 건강에 좋으며, 발효빵은 천연 발효종을 이용해 만들기 때문에 빵의 풍미가 깊고 소화에 도움을 줍니다.

발효식품의 효능

저는 발효식품이 그저 맛있는 음식에 머무르지 않고, 우리 몸에 다양한 이로움을 준다는 점에서 매우 소중한 존재라고 생각해요. 발효 과정을 거치면서 식품의 영양 성분이 변화하고 새로운 기능성 성분이 생겨나며, 이렇게 만들어진 발효식품은 여러 유익한 효능이 있어요.

첫째로, 발효 과정을 통해 단백질과 지방, 탄수화물 분해를 돕는 소화 효소들이 생성됩니다. 이 덕분에 소화 흡수율이 높아져 우리 몸이 영양을 더 쉽게 받아들일 수 있게 돼요. 단백질과 지방, 탄수화물이 작은 분자로 분해되면서 우리 몸에 더 빨리 흡수될 수 있도록 도와주죠.

둘째로, 발효식품에는 유산균, 비피도박테리움 같은 유익한 미생물이 풍부하게 들어 있어요. 이런 미생물들은 장 건강에 도움을 주기 때문에 꾸준히 섭취하면 소화 기관이 더 튼튼해진답니다.

셋째로, 발효식품에 함유된 기능성 성분들은 면역력을 강화하는 역할도 해요. 저는 이 점이 참 중요하다고 생각해요. 발효식품을 꾸준히 섭취함으로써 우리 몸이 외부의 유해 물질로부터 스스로를 보호할 수 있도록 면역력이 높아지고, 질병 예방에도 도움이 되죠.

넷째로, 발효 과정에서 항산화 물질이 생성되는데, 이 물질들은 노화를 방지하고 각종 질병을 예방하는 데 도움을 줍니다. 이런 항산화 성분들은 몸속에서 산화 스트레스를 줄여주기 때문에, 피부 건강에도 좋고 나이가 들어도 활력을 유지하는 데 도움이 됩니다.

발효는 인류 역사와 함께 발전해 온 중요한 식품 가공 기술이에요. 발효식품의 종류가 다양해지면서 우리의 식생활은 더욱 풍요로워졌고, 건강 증진에 큰 기여를 하게 되었습니다. 저는 이렇게 발효가 가진 힘이 우리 일상에서 얼마나 중요한지, 발효식품이 건강과 행복을 위한 소중한 자산이라는 사실을 많은 분들이 알게 되기를 바랍니다.

※ 더 알아두기: 일본의 발효음식

가까운 나라인 일본에서는 발효식품이 다양한 형태로 발전했습니다. 일본의 대표적인 발효식품으로는 된장, 간장, 낫토, 그리고 다양한 종류의 절임 식품이 있습니다. 특히 된장과 간장은 일본 요리의 기본양념으로 사용되며, 낫토는 발효된 콩으로 만들어져 일본인들의 단백질 섭취에 중요한 역할을 하고 있습니다. 일본의 발효식품은 주로 밥과 함께 먹는 반찬으로 발전하여, 오늘날에도 많은 일본 가정에서 일상적으로 소비되고 있습니다.

발효의 과학적 원리
: 미생물과 효소의 역할

발효의 과학적 원리에서 가장 중요한 요소는 바로 미생물이에요. 미생물은 발효 과정에서 핵심적인 역할을 맡고 있으며, 이 과정에서 중요한 물질은 바로 미생물에 존재하는 효소입니다. 이 효소들은 특정 물질을 분해하거나 변형시키면서 에너지를 생성하는데, 이를 통해 탄수화물, 단백질, 지방 같은 유기물을 알코올, 산, 가스 등으로 변화시키게 되죠. 발효가 일어나는 과정에 생성되는 이러한 부산물들이 우리가 즐기는 발효식품의 맛과 향을 결정합니다.

예를 들어, 빵을 만들 때 효모는 여러 효소의 작동으로 당분을 발효시키며 이산화탄소를 만들어내면서 반죽이 부풀게 돼요. 이 덕분에 빵은 가벼운 질감과 고소한 맛을 지니게 되죠. 또한 김치나 요구르트처럼 발효 특유의 감칠맛이나 시큼한 맛은 바로 미생물이 만들어내는 다양한 화학 물질 덕분이에요. 발효식품의 독특한 향과 깊은 맛은 이렇게 미생물의 활동을 통해 자연스럽게 형성됩니다.

발효가 원활하게 진행되기 위해서는 몇 가지 조건이 필요한데, 적절한 온도, pH, 산소의 유무가 모두 중요한 요소로 작용해요. 예를 들어 와인효모는 보통

20도~ 25도(빵효모 : 25~30도) 사이에서 가장 활발하게 발효를 일으키고, 또 특정 박테리아는 산소가 없는 환경에서 발효를 진행하기에 적합하죠. 이처럼 미생물들이 제 역할을 다할 수 있도록 환경을 맞춰주는 것이 발효의 성공 여부를 좌우한다고 할 수 있어요.

이처럼 발효 과정은 섬세하고 정교한 과학적 작동의 결실이라고 생각합니다. 미생물들이 효소를 통해 만들어내는 다양한 화학 반응이 각 발효식품의 개성 있는 맛과 향을 결정짓고, 또한 우리 몸에 유익한 영양소를 풍부하게 해주니까요.

한때는 이게 우주의 신비만큼이나 매력적이라, 발효가 자연과 인간의 과학적 상호작용을 통해 얻어지는 신비로운 결과라고까지 생각하기도 했었죠. 그만큼 과학적으로 발효를 규명하는 과정이 제게는 즐겁고도 경이로웠답니다.

※ 더 알아두기: 중국의 발효음식

중국은 발효식품의 역사가 매우 깊습니다. 기원전 3000년경부터 중국에서는 발효된 두부, 간장, 그리고 다양한 발효 채소를 이용했습니다. 이 중 두부와 간장은 중국 요리의 중요한 재료로 자리 잡았는데, 이러한 발효식품들은 시간이 지나면서 아시아 전역으로 퍼져 나갔습니다. 중국의 발효식품은 주로 콩과 곡물을 주재료로 이용하고 있으며, 이는 단백질과 영양소를 보충하는 중요한 역할을 합니다.

한국 발효음식의 종류 및 효과

한국의 전통 발효음식에는 김치, 된장, 간장, 청국장, 막걸리 등이 있습니다. 이 중에서 한국인이라면 안 먹는 발효음식이 있을까요?

미성년자라면 막걸리를 아직 마시지는 않을 테고, 종종 청국장을 먹지 않는 분은 계시지만, 김치, 된장, 간장을 먹지 않는 한국인은 거의 없을 것이라고 보죠.

특히, 김치는 지금 세계적으로 K-푸드로 유명해졌고, 일본의 '기무치', 중국의 절임 채소인 '파오차이' 등으로 김치 원조 시비를 걸 만큼 한국의 '김치'는 세계 음식계의 국제적인 '셀럽'이 된 것이죠. 이제는 미국이나 유럽에서도 김밥, 불고기, 비빔밥 등과 함께 상당히 잘 알려진 음식이고요.

그만큼 김치는 한국을 대표하는 발효식품이라고 할 수 있죠. 주재료인 배추에는 비타민C와 K, 식이섬유, 폴리페놀 같은 여러 영양소가 가득 들어 있고요. 그뿐만 아니라 김치를 담글 때 사용하는 고춧가루, 마늘 등 다양한 부재료에도 불포화 지방산, 비타민A와 B1 같은 유익한 성분들이 풍부해요. 하지만 김치의 가장 큰 특징은 장기간 숙성하면서 자연적으로 생겨나는 유산균입니다. 유산균 덕분에 김치는 장 건강을 돕고, 소금과 저온 보관 조건 덕분에 부패균들이 번식할 수 없는 환경이 조성되어 오래도록 신선하게 보관할 수 있죠.

된장은 콩을 발효시켜 만든 전통 장류 중 하나로, 콩을 삶아 메주로 만든 후 소금물에 담가 발효시키는 과정을 거칩니다. 이 과정에서 단백질과 아미노산이 풍부하게 생성되어 영양가가 매우 높아지죠. 특히 발효 과정에서 유익한 미생물이 풍부하게 생겨나 소화기능을 돕고, 항산화 성분과 칼슘, 비타민K2가 많이 들어 있어 뼈 건강에도 유익하며 항암 효과에도 좋습니다.

간장은 콩과 밀을 발효시켜 만든 액체 조미료로, 한국 요리에서 중요한 역할을 합니다. 발효 과정에서 생성된 아미노산과 여러 향미 성분들이 음식의 깊은 맛을 더해 주죠. 특히 간장에는 항암 효과가 있는 베타카로틴, 두뇌 발달에 도움을 주는 레시틴, 뼈 건강을 돕는 칼슘이 많이 들어 있어요.

청국장은 발효 과정을 단축한 된장과 비슷한 음식으로, 콩을 삶아 발효시킨 후 생기는 끈적한 점액질이 청국장만의 독특한 맛과 향을 만들어 냅니다. 청국장에는 소화를 돕는 유익한 미생물이 풍부할 뿐만 아니라, 콜레스테롤 수치를 낮추는 레시틴 성분도 많이 들어 있어요. 또 청국장에 들어 있는 이소플라본 성분은 혈당을 안정화시키는 데 도움을 줄 수 있어, 건강에 많은 도움을 줍니다.

하지만 특유의 강한 향 때문에 호불호가 갈리기도 하는데, 유럽의 치즈처럼 지역색이 강한 음식이기도 합니다. 그래서 저는 이러한 약점을 극복하고 좀 더 많은 이들이 접할 수 있게끔, 쌀누룩을 이용하여 냄새가 없는 발효콩을 개발하여 음식에 적용하고 있습니다.

마지막으로 막걸리는 한국의 전통 발효주로 쌀을 주재료로 발효하여 만들어집니다. 발효 과정에서 생긴 유산균과 효모가 풍부해 우리 몸에 유익하고, 항산화제 역할을 하는 비타민C도 들어 있어 노화를 촉진하는 활성산소를 제거하는 데 도움을 줍니다. 이러한 막걸리의 효과는 발효 과정에서 사용되는 누룩 덕분인데, 누룩에는 다양한 미생물이 섞여 있어 발효에 필수적이죠. 누룩에서 생성되는 추출물은 노화 방지에 좋은 영향을 줍니다.

저는 이렇게 다양한 전통 발효음식이 우리 삶을 건강하고 풍요롭게 만들어 준다는 점이 참 소중하다고 느껴요. 한국의 발효음식들은 오랜 시간 동안 자연과 사람의 지혜가 만나 만들어진 결과물로, 이 안에 담긴 영양과 맛은 참으로 큰 자산이죠.

※ 더 알아두기: 중동과 아프리카의 발효음식

중동과 아프리카에서도 발효식품의 역사는 매우 오래되었습니다. 중동의 대표적인 발효식품으로는 케피어와 발효유 제품이 있는데, 케피어는 발효된 우유로 만드는 요구르트와 비슷하지만, 요구르트보다 더 많은 종류의 유익한 유산균과 효모를 포함하고 있습니다. 또한 에티오피아의 '인제라'는 발효된 밀가루로 만들어진 납작한 빵으로서 독특한 신맛과 스펀지 같은 질감을 가지고 있습니다.

한국 전통 발효음식은 지켜야 할 소중한 자산

저는 한국의 전통 발효음식이 단순한 음식의 범주를 넘어 문화, 건강, 그리고 지역 사회와 깊이 연관된 소중한 유산이라고 생각해요. 한국의 대표적인 발효음식인 김치, 간장, 된장, 고추장, 식초 등은 오랜 역사와 전통을 품고 있을 뿐만 아니라, 각 지역의 특색과 재료가 반영되어 다양하게 변형될 수 있는 음식들입니다. 발효 과정을 거치며 생성된 유산균, 비타민, 미네랄 등의 영양소 덕분에 이 음식들은 건강에도 매우 유익해요.

특히 김치는 발효 과정에서 자연스럽게 생성된 유산균이 장 건강에 도움을 주고, 면역력 증진과 소화 기능 개선에도 긍정적인 영향을 미치는 것으로 잘 알려져 있습니다. 이런 발효음식들은 한국인의 식탁에서 빠질 수 없는 핵심 요소로 자리 잡고 있으며, 김치와 같은 발효음식은 이제 한국뿐만 아니라 외국인들 사이에서도 큰 매력을 얻고 있죠.

또한, 한국의 발효음식은 문화유산으로서의 가치를 지니고 있어요. 한국의 발효음식은 조상들이 자연과 조화를 이루며 발견한 지혜의 결과물로, 이러한 음식에는 한국인의 삶과 정서가 담겨 있습니다. 예를 들어, 김장은 단순히 음식을 준비하는 행위를 넘어 공동체의 유대감을 높이는 중요한 사회적 행사로 여겨져요. 가족과 이웃이 모여 함께 김치를 담그는 과정은 소통과 협력의 상징이 되며, 세대 간 전통을 잇는 방식으로 자리잡고 있어요.

이러한 문화적 측면은 발효음식을 소비하는 행위를 통해 현대에도 여전히 명맥을 잇고 있어요. 현대 사회에서도 김장과 같은 전통은 여전히 그 가치를 잃지 않고, 한국인들의 마음속에 깊이 뿌리내려 있죠.

무엇보다도 전통 발효식품은 음식 자체로서 현대에 들어 중요성이 더욱 부각되고 있죠. 현대인은 지속적인 스트레스와 함께 인스턴트식품을 많이 접하면서 건강에 부담이 많이 가는데, 이런 흐름 속에서 발효음식은 자연스럽고 건강한 치유 방법으로 주목받고 있거든요. 예를 들어, 발효 과정에서 생성된 프로바이오틱스는 장내 환경을 개선하고 체내 독소를 배출하는 데 큰 도움을 줍니다. 또, 발효음식에는 항산화 성분이 풍부해서 노화를 늦추고 면역력을 강화하는 데도 좋죠.

이런 점 때문에 저 역시 발효음식을 일상적으로 섭취하는 것이 현대인들의 건강유지에 필수적이라 생각해요.

쌀누룩 이야기

앞서 저는 발효 관련 상식과 한국의 대표 발효음식인 김치, 간장, 된장 등을 중심으로 이야기를 나누었어요. 그런데 이번에는 비교적 덜 알려진 발효음식 재료, 바로 누룩에 대해 알아보려고 해요. 김치나 된장, 간장은 많이들 아시지만, 누룩에 대해서는 상대적으로 관심이 적은 경우가 많죠. 그러나 막걸리에 누룩이 사용된다는 사실을 아는 분들은 아마 '아, 그 누룩!' 하며 고개를 끄덕이실 거예요. 음식에 대해 조금 깊이 있게 관심이 있다면 당연히 알고 계실 상식이지만, 특별히 관심이 없으신 분들에게는 다소 생소할 수도 있습니다.

그러면 잠깐만 누룩에 대해 더 이야기해볼게요.

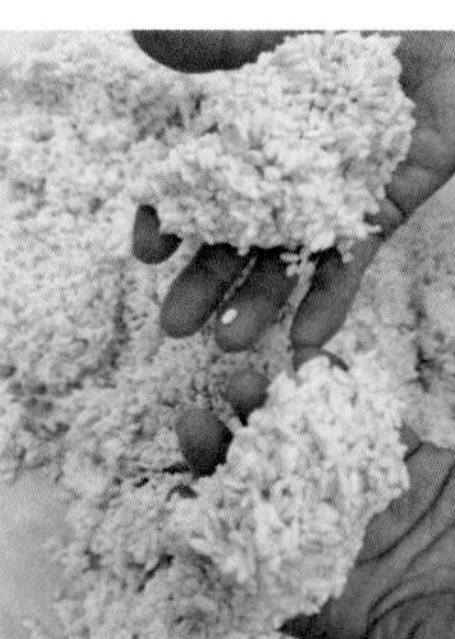

누룩이라는 이름은 누룩의 모양과 색깔, 만드는 방식에서 유래했다고 해요. 누룩이 특유의 노르스름한 색을 띠기 때문에 '누룩'이라는 이름이 붙은 것으로 추측되죠. 또, 누룩을 손이나 발로 꾹꾹 눌러 만드는 과정에서 비롯된 이름이라는 이야기도 있어요. 비슷한 예로 술 표면에 쌀이 동동 떠서 이름이 붙은 '동동주', 찐 밥알이 고들고들하다고 해서 붙은 '고두밥', 대충 걸렀다는 뜻의 '막걸리' 같은 이름들이 있습니다.

그렇다면 누룩을 왜 만드는 걸까요? 누룩은 술을 빚을 때, 밥이나 빵 등의 전분을 당화시킬 때 필요한 효소와 알코올을 생성하는 효모를 얻기 위해 만들어집니다. 발효 과정에서 전분을 당화시키는 효소가 필요한데, 누룩은 이러한 당화 효소와 함께 발효에 중요한 미생물을 제공해 줘요. 누룩을 만드는 원료 자체에 효소를 포함하고 있기 때문에, 누룩을 띄우는 과정에서 생성된 곰팡이와 효모 같은 미생물들이 술을 만드는 데 중요한 역할을 하게 됩니다.

누룩은 주로 밀과 쌀로 만들어지는데, 밀과 쌀은 전분 함량이 높고, 당화효소가 기본적으로 호함되어 있어 누룩 제조에 알맞은 재료입니다. 밀과 쌀 외에도 보리, 잡곡 등 다양한 재료가 누룩으로 사용될 수 있습니다.

이 중에 쌀은 우리 식생활에서 가장 흔하게 접할 수 있는 재료죠. 여기서는 쌀누룩에 대해 조금 더 살펴보려고 합니다. 쌀누룩은 쌀의 탄수화물에 아스페르질러스 오리제(Aspergillus Oryzae)라는 누룩균을 번식시켜 만들어진 것으로, 우리 식생활을 건강하게 지탱해주는 중요한 발효식품이며, 종균이자 건강에 유익한 미생물의 집합체로, 쌀누룩에는 여러 가지 유익한 성분이 많이 들어 있어요.

쌀누룩에는 다양한 효소와 항산화 물질, 비타민, 섬유질, 올리고당, 필수 아미노산이 포함되어 있습니다. 효소의 경우 아밀라제, 프로테아제, 리파제 등이 들어 있어요. 이 효소들은 전분, 단백질, 지방을 분해하는 역할을 하죠. 항산화 물질인 코지산은 활성산소를 억제해 세포를 활성화하는 데 도움을 줍니다. 비타민 역시 풍부해 면역계를 강화하고 신경계 기능에도 긍정적인 영향을 미칩니다. 섬유질과 올리고당도 풍부해 장내 환경을 개선하고 장운동을 촉진하며, 신경전달 물질인 가바(GABA) 성분은 스트레스 해소와 우울증 개선에도 도움을 줄 수 있어요.

쌀누룩을 만드는 방법도 간단히 말씀드리자면, 쌀을 불리고 쪄서 식힌후 씨 누룩균을 이용해 발효 과정을 거치면 쌀누룩이 완성됩니다. 쌀누룩이 잘 만들어졌는지 확인하는 방법도 몇 가지 있는데, 먼저 쌀 알갱이마다 하얗게 누룩균이 피어 있어야 하고, 오랜 보관 후에도 쌀 꽃이 고루 남아 있어야 해요. 또 보관 중에 곰팡이가 피지 않고 당도가 너무 높지 않아야 좋은 쌀누룩이라고 할 수 있습니다. 설탕이나 엿기름 맛이 나지 않아야 하며, 특히 쌀 요거트 발효 시에는 쌀알 입자가 잘 퍼지도록 수분 함량을 적절히 맞춰주는 것이 중요합니다.

쌀누룩이 완성되면, 이것으로부터 비롯되는 발효의 세계는 무궁무진하게 펼쳐집니다. 우선 쌀누룩으로 쌀누룩소금을 만들어서 고기나 육류를 재면, 연육은 물론 그 감칠맛과 식감은 어느 음식의 맛과 비교할 수 없어요. 또한 쌀누룩으로 된장을 만들면, 전통적으로 메주로 만들어 왔던 된장에 비해 저염이면서, 감칠맛과 유산균을 더한 쌀누룩 된장이 되며, 이는 2~3년의 시간을 2주간으로 앞당길 수 있는 기상천외한 된장이 됩니다. 쌀누룩 고추장과 쌀누룩 청국장 또한, 마찬가지이며, 이는 요리레시피에 자세히 설명되어 있습니다.

이렇듯 쌀누룩은 술과 발효 음식의 중요한 재료로서 다양한 영양 성분을 담고 있으며, 우리가 일상에서 쉽게 만들 수 있는 재료이기도 해요. 저는 쌀누룩이 가진 놀라운 발효력과 건강에 좋은 효능이 더 많이 알려지고, 많은 분들이 만들어 모든 가정의 식탁에서, 더 많은 사랑을 받길 기대합니다.

누구나 먹는 밥을 발효로 승화시키자

"몸은 먹는 대로 만들어진다."

혹시 앞서 말씀드렸던 저의 발효철학 기억하시나요? 이는 저의 발효철학으로, **"누구나 먹는 밥을 발효로 승화시키자"**는 실천적 발효철학이 생겨난 근본과도 같아요.

제 생각에 우리가 먹는 음식이 이토록 중요하다 보니, 가장 자주 접하는 쌀과 밥에 관심을 지니게 되었던 거죠.

그래요. 쌀이나 밥으로 정한 건 간단하고 쉬운 일이었어요. 주변에 있는 일상적인 사건, 그게 바로 밥을 먹는 것이죠. 우리는 매일 하루에 세 번쯤 이러한 사건을 겪어요.

"밥 먹고 합시다. 먹고 살자고 일하는 건데…"라는 말에서도 우리가 얼마나 밥 먹는 것에 진심인지 느끼죠. 굳이 다른 데서 찾을 필요가 없었어요.

우리의 삶에서 떼려야 뗄 수 없는 것이 바로 밥이고, 삼시 세끼 밥으로 살아가는 한국인에게 쌀과 밥의 발효는 그저 특이한 레시피 정도가 아니라, 건강한 삶으로 가는 길을 밝혀주는 과정이라 생각해요. 매일 먹는 밥을 통해 우리 몸은 끊임없이 발효의 힘을 받아 에너지를 얻고, 건강을 다져가니까요.

너무 간단해서 싱겁다고 말하시는 분들도 있었는데, 사실 자연이 우리에게 선물한 것은 파면 팔수록 오묘하고 복잡해 보이지만, 겉으로 보면 또 놀라울 정도로 단순하잖아요. 모든 것이 그러한 법칙에서 크게 벗어나지 않은 채 우리 옆에 자리하고 있어요. 저는 자연이 제게 선물해준 지혜를 따르고 싶을 뿐이었죠. 도처에 널려 있지만, 무엇과도 바꿀 수 없는 공기처럼 우리에게는 공기밥이 소중하더라고요. 또 실제로도 우리의 몸에서 물 빼놓고는 가장 많이 먹는 것을 따지자면, 쌀과 밥이니까요.

발효에 대한 저의 철학은 한국인의 일상 속에서 자연스럽게 자리 잡는 건강한 삶의 방식, 그 자체로부터 출발합니다.

일종의 '참여하는 발효 음식 문화'를 구상했던 것이라고 해야겠지요.

그래서 "누구나 먹는 밥을 발효로 승화시키자"는 화두를 최근까지도 가져가고 있는 것입니다. 식초에 대한 관심만큼이나 누구나 쉽게 접하는 음식 소재로 쌀과 밥을 주요 연구 관심사로 붙잡고 나니, 많은 것이 다른 관점에서 보이기 시작했어요.

누구나 쉽게 접할 수 있는 우리 식단의 중심인 쌀과 밥을 발효의 영역으로 끌어들여, 모든 국민이 일상 속에서 발효 음식의 건강함을 누릴 수 있기를 바라는 마음이 들었어요. 발효음식은 누구나 시도해볼 수 있는 가장 자연스러운 건강 비결이며, 특히 쌀이나 밥처럼 우리 식단에 깊이 자리한 재료들이 발효를 통해 몸에 더 이로운 형태로 변한다는 점에서 그 가능성은 무궁무진하죠.

Part IV.

발효요리 전 숙지사항

발효 시작 전
꼭 알아야 할 몇 가지

발효를 시작할 때 기본적으로 신경 써야 할 몇 가지 중요한 요소가 있어요. 저는 발효 과정에서 미세한 요소들이 전체 결과에 큰 영향을 미친다고 생각해요. 그래서 발효를 성공적으로 이루기 위해서는 조금만 주의하면 큰 도움이 되는 기본 사항들을 잘 지키는 것이 중요합니다.

첫째로, 발효에 사용하는 재료는 반드시 신선한 것이어야 해요. 발효 과정에서는 재료에 있는 미생물들이 활발하게 활동하므로, 재료가 신선할수록 발효도 잘 이루어져요. 신선하지 않은 재료는 미생물이 잘 활동하지 못하게 하거나, 오히려 부패균이 발생할 위험이 있습니다. 또한 재료를 사용할 때는 깨끗이 세척하고, 필요하면 소독까지 해서 준비하는 것이 좋아요. 이런 준비 작업을 통해 발효에 방해가 될 수 있는 외부 세균들을 최소화할 수 있어요.

둘째로, 발효 환경의 온도와 시간이 매우 중요해요. 발효는 미생물의 활동을 통해 이루어지는 과정인데, 미생물은 각기 좋아하는 온도와 시간이 다르기 때문에 어떤 발효를 하는지에 따라 온도와 시간을 적절하게 관리해 주어야 해요. 예를 들어, 와인효모는 25도에서 30도 사이에서 가장 활발하게 활동하지만, 젖산균은 고온성, 중온성, 저온성이 있어 요구르트를 할 것 인가, 김치를 할 것인가에 따라 온도 조절을 잘 하셔야 합니다. 그래서 발효를 할 때는 레시피에 제시된 적정 온도와 시간을 꼭 지키는 것이 중요하죠. 온도나 시간을 맞추지 않으면 발효가 제대로 이루어지지 않거나, 원치 않는 맛과 향이 나올 수도 있어요.

셋째로, 미생물은 햇볕을 싫어하는 경우가 많아서 발효를 할 때는 햇볕에 노출되지 않도록 주의해야 합니다. 발효 용기를 직사광선이 닿지 않는 곳에 두는 것이 좋은데요, 특히 강한 햇볕은 미생물의 생존과 발효에 방해가 될 수 있어요. 예를 들어, 김치를 발효할 때도 김치통을 서늘하고 어두운 곳에 두는 것이 좋습니다. 햇볕이 닿는 장소보다는 미생물들이 안정적으로 활동할 수 있는 그늘진

장소가 발효에 적합하다고 생각해요.

넷째로, 발효에서 중요한 요소 중 하나는 수분이에요. 사람의 몸도 70% 이상이 물로 이루어져 있듯이, 미생물도 발효 과정에서 수분을 필요로 해요. 수분이 있어야 미생물들이 먹이를 분해하고 발효를 일으킬 수 있기 때문에, 재료의 수분을 적절히 유지하는 것이 중요하답니다. 예를 들어 김치를 담글 때도 배추에 충분한 수분이 있어야 발효가 잘 진행돼요. 수분이 너무 적으면 미생물 활동이 어려워지고, 반대로 수분이 너무 많으면 물러질 위험이 있어서 발효음식의 상태가 좋지 않게 됩니다.

발효에 필요한 용기나 도구들도 발효의 종류나 음식에 따라 다를 수 있습니다. 예를 들어 장류를 발효할 때는 공기가 잘 통하는 항아리가 좋고, 김치처럼 저온 발효를 할 때는 밀폐 용기가 적합해요. 각각의 발효 음식에는 고유의 레시피와 과정이 있기 때문에, 발효에 사용하는 용기나 도구도 그에 맞게 선택하는 것이 중요하죠.

이처럼 발효는 섬세한 작업이지만, 기본 원칙을 지키고 세심하게 준비한다면 누구나 건강하고 맛있는 발효 음식을 만들 수 있습니다. 발효 과정에서는 미생물들이 활발히 활동할 수 있는 최적의 환경을 조성하는 것이 중요한데, 온도와 습도, 재료의 신선도 등이 미생물의 활동에 큰 영향을 미칩니다.

또한 발효 음식은 단순히 한 번 만들어 놓고 끝내는 것이 아니라, 꾸준히 관리하고 관찰해야 그 맛과 품질을 유지할 수 있어요. 정기적으로 발효 상태를 점검하고, 온도를 조절하거나, 저어주는 등의 세심한 관리가, 성공적인 발효의 비결이라고 할 수 있습니다. 그러한 발효 과정을 통해 재료가 가진 본연의 맛이 깊어지면서, 건강에도 이로운 효능을 발휘하는 발효 음식이 완성되는 것이죠.

초보자를 위한 발효요리 가이드

발효식품과 일반 식품의 차이를 이해하는 것은 매우 중요해요. 특히 요즘처럼 다양한 요리 프로그램과 SNS에서 일반 요리법이 넘쳐나는 상황에서, 발효식품을 다루는 방식은 일반적인 조리법과는 상당히 다른 부분이 많습니다. 겉보기에는 일반 요리에 쓰이는 재료와 발효식품 요리에 쓰이는 재료가 비슷해 보일지 몰라도, 양념 사용에서 큰 차이가 있어요.

첫째로, 일반 요리의 양념을 보면 물, 설탕, 물엿, 소금, 조미료, 고춧가루, 고추장, 된장, 간장, 요리주 등이 주로 사용되죠. 이들 양념은 대부분 가공식품으로, 쉽게 구할 수 있고, 빠르게 맛을 낼 수 있어요. 하지만 발효식품을 만들 때는 조금 다른 방식으로 양념을 사용하는데, 물 대신 채소와 버섯 등으로 우린 채수를 쓰고, 설탕이나 물엿 대신 쌀, 양파, 사과 등에서 자연스럽게 얻어진 발효당을 사용합니다. 소금이나 조미료 대신 발효된 곰팡이 소금과 쌀누룩을 사용하며, 고추장, 된장, 간장도 인공적인 것이 아닌 전통 방식으로 발효된 장류를 사용해야 해요. 요리주도 마찬가지로 일반적인 요리주가 아닌 발효된 미림이나 발효 청주를 쓰는 것이 좋습니다. 이런 차이 덕분에 발효식품은 더 깊은 맛과 건강을 위한 효과를 함께 얻을 수 있습니다.

둘째로, 발효식품을 만들 때는 단순히 맛을 내기 위한 것이 아니라, 건강에 문제를 일으킬 수 있는 인공적인 성분을 최대한 피해야 해요. 발효의 원리를 잘 이해하고, 그에 맞게 양념을 사용해야 진정한 발효음식을 만들 수 있습니다. 발효식품은 오미(단맛, 짠맛, 신맛, 쓴맛, 매운맛)를 자연스럽게 즐길 수 있는 형태로 조리하는 것이 중요해요. 예를 들어, 시중에서 쉽게 구할 수 있는 조미료나 인공 감미료, 보존제, 착색제가 포함된 양념을 사용하면 발효가 제대로 이루어지지 않거나 발효 과정에서 미생물 활동이 방해받을 수 있어요. 발효는 자연스러운 미생물의 활동에 의존하는 과정이기 때문에, 이런 인공 첨가물은 오히려 발효를 방해하게 됩니다.

셋째로, 발효를 제대로 이루기 위해서는 효모, 곰팡이, 유산균, 초산균, 고초균 등 유익한 미생물이 활동할 수 있는 환경을 만들어주는 것이 중요합니다. 미생물들은 각기 좋아하는 온도와 매개체가 달라요. 예를 들어, 효모는 따뜻한 온도에서 활발하게 활동하며, 젖산균은 상대적으로 낮은 온도에서도 발효를 일으킵니다. 발효식품을 만들 때는 미생물들이 잘 활동할 수 있는 최적의 온도와 환경을 맞추어야 하고, 이들이 어떤 성분을 좋아하는지 파악하는 것이 중요해요. 이를 통해 발효 과정이 원활하게 이루어지며, 더 깊고 건강한 맛을 내는 발효식품을 만들 수 있습니다.

저는 발효식품을 만들 때 단순히 맛을 내는 것을 넘어, 건강한 미생물들이 자연스럽게 만들어내는 맛과 영양을 최대한 활용하고 싶어요. 발효는 시간이 걸리지만, 그 과정에서 음식에 담기는 깊이와 건강상의 장점은 다른 방식으로는 얻기 어려운 것들이죠. 발효의 원칙을 잘 이해하고, 그에 맞춰 재료와 양념을 고르는 것이야말로 발효식품을 제대로 만들어가는 첫걸음이라고 생각합니다.

실패하지 않는 발효 비법

발효에서 가장 중요한 첫걸음은 미생물에 대한 이해입니다. 저는 미생물들이 우리와 비슷한 감각을 가지고 활동한다는 점이 무척 흥미롭다고 생각해요. 사람도 따뜻한 온도를 좋아하고, 달콤한 음식을 즐기듯이 미생물도 자신에게 적합한 환경과 영양소를 만나야 활발하게 움직일 수 있죠.

미생물의 활동은 우리가 상상하는 것보다 매우 민감하고 섬세해요. 그래서 원하는 발효 결과를 얻으려면 이 미생물들이 편안하게 활동할 수 있는 조건을 만들어주는 것이 무엇보다 중요합니다.

발효 과정에서 실패하지 않으려면 몇 가지 필수적인 사항들을 지켜야 합니다. 우선, 발효에 적합한 온도 관리가 매우 중요해요. 발효는 미생물이 살아 움직이면서 이루어지는 작업이기 때문에 미생물에게 알맞은 온도가 필요해요. 온도가 너무 낮으면 미생물 활동이 둔해지고, 너무 높으면 활동이 과도해져 발효가 잘못될 수 있어요. 일반적으로 미생물은 따뜻하고 안정적인 온도를 선호하는데, 예를 들어 효모는 25도에서 30도 정도의 온도에서 가장 활발하게 활동합니다. 원하는 발효가 이루어질 수 있도록 발효하는 재료에 맞는 온도 조건을 맞추어 주는 것이 필요해요.

다음으로, 미생물이 편안하게 활동할 수 있도록 충분한 당도를 제공해 주어야 해요. 미생물에게 가장 첫 번째 먹이이자 활동 원동력은 당이에요. 그래서 발효할 때는 당도가 적절히 유지되도록 재료와 양념을 조정하는 것이 중요합니다. 예를 들어, 쌀누룩 발효를 할 때는 쌀에서 당이 충분히 나오도록 준비하는 것이 중요하고, 김치를 발효할 때는 배추와 무에서 나오는 자연적인 당분이 미생물의 활동을 돕죠. 당분이 부족하면 미생물이 충분히 활동하지 못해 발효가 제대로 이루어지지 않을 수 있어요.

마지막으로, 발효 환경이 너무 습하거나 햇볕이 강하게 내리쬐는 곳은 피해야 합니다. 미생물은 강한 햇볕을 싫어하고, 주변 환경이 너무 습하거나 복합적인 환경에 놓이면 활동이 방해받을 수 있어요. 특히 발효 장소가 다른 미생물이 존재하는 환경과 섞이는 것은 피해야 해요. 예를 들어, 쌀누룩 발효를 하는 공간에 김치 독이 있다거나, 콩 발효를 하는 공간에 식초가 있으면 발효 결과가 예상과 다르게 나올 수 있어요. 각각의 발효에는 고유의 미생물이 필요한데, 서로 다른 발효식품이 섞여 있는 환경에서는 내가 원하는 미생물 활동이 제대로 이루어지지 않을 가능성이 높습니다.

이 세 가지 조건을 잘 지켜 발효를 진행하면 원하는 결과를 얻을 수 있어요.

저는 발효를 할 때마다 이 기본 원칙을 생각하면서 미생물들이 최적의 환경에서 활동할 수 있도록 신경을 쓰고 있어요. 발효는 자연의 힘을 활용하는 과정인 만큼, 미생물들이 필요한 조건을 만들어 주는 것이 결국 발효의 성패를 좌우하는 핵심입니다.

발효요리의 맛을 극대화하는 팁

발효음식의 궁극적인 목표는 영양을 공급하는 동시에 맛을 극대화하는 것이에요. 맛은 우리가 음식을 먹을 때 입에서 느끼는 다섯 가지 오미, 즉 단맛, 짠맛, 신맛, 쓴맛, 감칠맛의 균형으로 결정되죠. 이 중에서도 사람들은 특히 감칠맛과 단맛을 좋아해요. 발효음식을 만들 때는 이러한 맛의 요소들을 잘 조화시키는 것이 핵심입니다.

첫째로, 발효요리의 맛을 내는 데 가장 중요한 요소는 자연의 단맛을 활용하는 것입니다. 단맛을 내기 위해 인공 당이나 설탕 대신 곡물에서 얻은 자연당을 사용하는 것이 좋습니다. 쌀이나 보리, 과일 등에서 발효를 통해 자연스러운 단맛을 끌어내는 것이 발효음식의 진정한 매력이죠. 이러한 자연 당은 발효 과정에서 단맛을 부드럽게 내주면서도 깊은 맛을 더해줍니다. 또한, 각각의 식재료가 본래 가지고 있는 고유의 단맛을 충분히 살려내는 것이 중요해요. 예를 들어, 배추나 무와 같은 채소에도 단맛이 있기 때문에, 이 자연 단맛을 최대한 이끌어내어 발효음식에 활용하는 것이 좋은 발효요리의 첫걸음이 됩니다.

둘째로, 발효음식의 감칠맛을 살리기 위해 짠맛을 적절히 조절하는 것도 중요해요. 이때 사용되는 것이 쌀누룩소금입니다. 짠맛은 단맛을 상승시키는 효과가 있어, 음식의 깊은 맛을 끌어내는데 도움을 줍니다. 식재료에 따라 단맛 대신 짠

맛이 기본이 되는 경우도 있는데, 이럴 때는 짠맛을 이용해 감칠맛을 강조하는 방향으로 조리할 수 있어요. 발효를 하면서 효소와 유기산 등의 생리활성물질이 생성되면, 자연스럽게 감칠맛을 끌어내는 글루탐산이 증가하게 돼요. 여기에 감칠맛을 더 풍부하게 하기 위해 버섯, 다시마와 같은 재료를 추가적으로 사용하는 것도 좋은 방법입니다. 버섯류와 다시마는 감칠맛을 자연스럽게 더해주는 재료로, 발효 과정과 만나면 그 맛이 더욱 깊어지죠.

마지막으로 발효음식의 맛을 극대화하는 데 있어서는 적절한 온도와 시간을 조절하는 것이 비결이에요. 발효는 미생물이 활동하는 시간과 온도에 따라 달라지기 때문에, 발효 시간이 너무 길어지거나 짧아지면 예상하지 못한 맛이 날 수 있어요. 미생물이 가장 활발하게 활동할 수 있는 최적의 온도와 시간을 찾아내는 것은 발효음식의 맛을 완성하는 데 매우 중요한 요소입니다. 이 과정은 한두 번의 시도로 완성되는 것이 아니라, 여러 번의 경험을 통해 조금씩 익히고 감각적으로 이해하게 되는 부분이죠. 예를 들어, 김치를 발효할 때는 일정한 온도에서 하루나 이틀 정도 시간을 조절하면서 맛을 보면, 온도와 시간이 맛에 어떤 영향을 주는지 몸으로 익히게 돼요.

저는 발효음식의 맛을 조절하는 과정이 흥미롭고 매력적이라고 생각해요. 발효의 깊은 맛과 건강함을 동시에 살리는 이 과정은 발효 음식의 고유한 풍미를 더해주고, 사람들에게 특별한 경험을 선사해요. 자연스럽고 깊이 있는 발효의 맛을 느낄 수 있도록, 이 기본적인 맛의 원리를 잘 이해하고 활용하는 것이 발효요리의 핵심이라고 생각합니다.

건강, 맛, 지속가능성에 미치는 발효의 영향

발효는 자연스럽게 미생물들이 활동하면서 만들어낸 결과물로, 우리 몸에 유익한 미생물과 영양소를 제공해 줍니다. 이로 인해 발효식품은 맛뿐만 아니라 건강을 위해 탁월한 선택이 됩니다.

저는 앞서도 말했듯이 지난 20년간 발효를 통해 전통 조미료인 고추장, 된장, 간장뿐 아니라 김치와 같은 기본 밑반찬, 그리고 현대인의 영양 불균형을 해결할 수 있는 다양한 건강식을 개발해 왔습니다. 지금까지 제가 개발한 발효 레시피는 300가지가 넘고, 이는 단순히 맛을 높이는 데 그치지 않고, 각종 영양소를 통해 일상의 건강을 지키는 데 도움을 준다고 생각합니다.

특히 일상에서 늘 접하는 쌀과 밥을 활용한 발효음식을 토대로 기존의 다양한 레시피를 접목하는 연구를 통해, 사람들이 더 많은 발효음식의 매력을 알기를 바라고요. 이제 발효제품은 지속 가능한 식문화의 중요한 요소로 자리 잡고 있다고 보는데, 주변의 재료(쌀, 밥 등)를 활용하여 자급자족의 정신을 바탕으로 만들어진 발효식품은 우리 식탁의 안전성을 높이는 데도 중요한 역할을 한다고 생각합니다. 발효식품은 가공식품에 비해 안전하게 즐길 수 있으며, 발효 과정에서 자연적으로 생긴 미생물들이 우리 몸에 좋은 영향을 미치니까요. 발효음식은 맛뿐 아니라, 건강과 안전까지 고려된 선택이 되는 것이죠.

또한 발효는 음식을 오래 두고 먹을 수 있도록 만들어주기 때문에, 자원 절약에도 도움이 돼요. 지역에서 나는 농산물을 활용해 만든 발효음식은 지역 사회 경제에도 큰 기여를 하고요. 우리 주변의 흔한 식사 재료를 넘어, 지역 농가에서 자란 재료들이 발효 과정에 쓰임으로써 그 가치를 높일 뿐 아니라, 지역 경제 활성화에도 기여하게 되는 것이죠.

저는 발효음식을 일상에 더 많이 활용하고, 이를 통해 건강한 미래를 만들어 가고자 하는 바람이 있어요. 발효식품이 더 널리 알려지고, 많은 사람들이 일상에서 쉽게 즐길 수 있는 건강한 음식으로 자리 잡기를 바랍니다. 발효는 그저 전통의 일부가 아닌, 오늘날의 생활 속에서도 여전히 우리에게 풍부한 영양과 건강을 제공하는 소중한 선물이니까요.

다음 장에 소개할 발효요리 레시피는 여러분에게 유익한 정보가 될 것입니다. 이를 통해 모든 분이 건강한 삶을 유지하는 데에 도움이 될 수 있다면 더없이 큰 보람일 것입니다.

산책하듯 찬찬히 살펴보시면서, 시간을 내어 틈틈이 시도해 보시면, 누구나 쉽게 따라 할 수 있습니다. 단언컨대, 한 가지씩 실천하신다면 분명히 지금보다 훨씬 보람된 시간이 될 것임을 확신합니다.

Part V.

정인숙 자연발효밥상 발효요리 112선

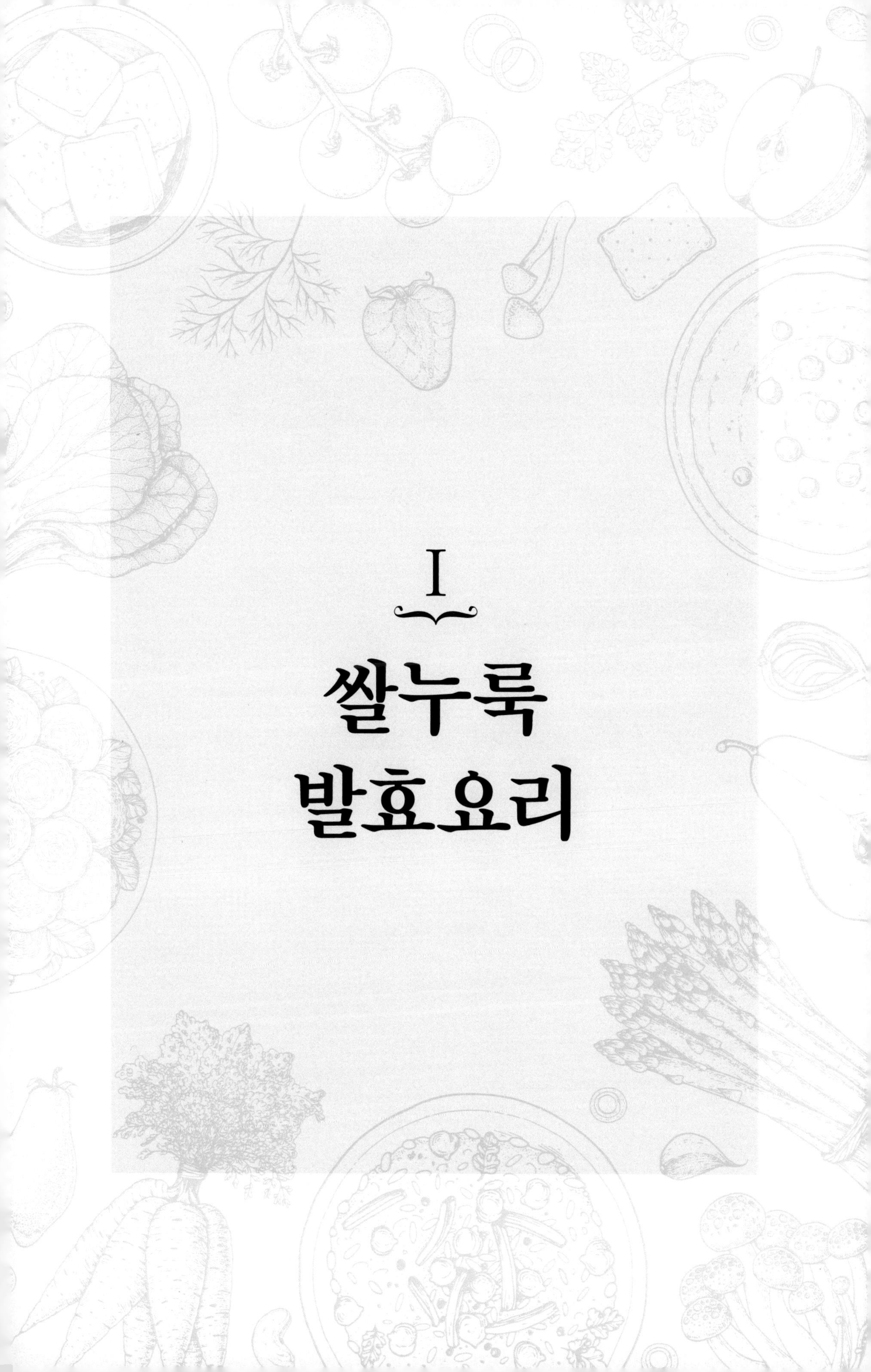

I

쌀누룩 발효요리

1. 쌀누룩

재료

멥쌀 1kg, 누룩균(씨누룩) 5g,
찜기(솥), 면보각 1개,
스탠용기, 사각바구니 1개,
온·습도계, 비닐팩

1. 큰 볼에 쌀을 담고, 쌀알이 깨어지지 않게 세미한다.
2. 깨끗이 씻은 쌀을 침지한다.
   ※ 물을 충분히 흡수하면 20~30% 부피가 늘어난다.
3. 불린 쌀을 체에 담아 물기를 뺀 후(약 1시간) 면보로 감싼다.
4. 찜기에 물을 붓고, 끓기 시작하면 면보로 감싼 쌀을 담아 찐다.
   ※ 증기가 나면서 30~40분 찌고, 20분간 뜸을 들인다.
5. 투명하게 잘 쪄진 쌀을 넓게 펴서 체온 정도로 식힌다.
6. 식힌 고두밥에 씨누룩균을 고루 뿌리고 잘 비벼준 뒤, 면보자기로 감싼다.
7. 누룩균이 잘 번식할 수 있도록 35~40℃(습도 85~89%) 전후로 관리한다.
   ※ 온도계를 꽂아 관리한다(온도상승 주의).
8. 온도에 따라 48~72시간 안에 배양이 완성된다.
9. 발효된 쌀에서 달콤한 냄새와 하얀 꽃이 전체적으로 고루 피면 완성된 것이다.

따뜻하고 습도 있는 환경에서 자라는 아스페르질러스 오리제 곰팡이를 찐 고두밥에 접균하여 발효한 것으로서, 우리 식생활을 건강하게 해주는 발효식품이며, 발효식품 종균이자, 건강한 미생물의 집합체입니다.
전분 분해물질인 아밀라제, 단백질 분해물질인 프로테아제, 지방 분해물질인 리파아제, 가바 성분 및 100여 종의 효소가 들어있습니다.

2. 쌀누룩 소금

재료
쌀누룩 200g,
천일염 70g,
물 250ml,
다시마 20g

1. 생수를 40~45℃로 따뜻하게 데운 후 다시마를 넣고 우린다.
2. 다시마를 우려낸 물에 천일염을 넣고 잘 녹인다.
3. 녹은 소금물에 쌀누룩을 넣고 잘 섞어준다.
4. 식탁에 놓고 매일 교반한다.
5. 2주 발효 후에 갈아서 병입 후 냉장보관한다.
   ※ 냉장보관이유: 더 이상 발효의 진행을 막고 오래 사용하기 위함

쌀누룩에 물과 소금을 더해 만든 천연발효조미료로서, 인공감료나 보존제 등 일체의 화학첨가물이 들어가지 않는 순수 발효조미료입니다. 단백질, 지방분해효소가 많고, 감칠맛이 있으며, 염분이 적어서 육류 및 해물, 농산물이나 임산물 등 다양한 요리에 활용이 가능합니다.

3.
쌀누룩 저염된장

재료

쌀누룩 300g,
물(탈기수) 520ml,
소금(천일염) 70g,
발효콩가루 300g,

쌀누룩 된장을 담을 용기

1. 볼에 쌀누룩과 천일염, 청국가루나 메주가루를 함께 넣어 골고루 버무려 치대어 준다.

2. 여기에 물을 넣어 다시 골고루 버무려 수분을 흡수 시켜준다.

3. 다 버무린 내용물을 용기에 담아놓고 매일 저어준다.

4. 빛이 들지 않는 곳에서 28~33도℃를 유지하면서 약 1주 정도 발효한다.
   ※ 매일 교반

5. 발효가 완성되면 냉장보관 후 사용한다.
   ※ 냉장보관의 이유는 더 이상 발효의 진행을 막고, 오래 쓰기 위함이며, 실온보관 시에는 독한 술을 조금 넣어 발효를 저지하면 됩니다.

저염이면서 맛있는 짠맛에 감칠맛이 특징입니다. 특히 재래식 된장보다 염도를 1/3로 낮추었습니다. 종래의 전통 된장은 강한 염분으로 인해 성인병이 있는 사람이나 젊은 사람에게 외면받기 쉽지만, 쌀누룩 저염된장은 25%의 쌀누룩을 함유하여 유산균이 풍부합니다. 또한 감칠맛이 뛰어나 재래식 된장과 달리 4계절 언제나 맛있게 먹을 수 있는 새로운 개념의 된장입니다.

4. 쌀누룩 만능맛간장

재료

건누룩 300g(+간장 600ml),
생누룩 150g(+간장 450ml),
유리용기, 기타

1. 사용할 누룩이 건누룩인지 생누룩인지 확인한다.

※ 간장의 양은 건누룩은 누룩양의 2배, 생누룩은 누룩양의 1.5배를 준비한다.

2. 준비한 유리용기에 간장과 누룩을 넣어주고 뚜껑은 얹어둔다.

3. 매일 저어주며 발효를 시킨다.

※ 여름에는 7~10일, 겨울에는 14일 정도면 발효된다.
※ 발효된 만능 맛간장은 그냥 사용해도 되지만, 갈아서(쌀누룩) 사용하면 더욱 부드러운 간장이 되어 요리에 사용하기 용이하다.
※ 국이나 찌개, 나물류, 약간의 쪽파나 부추 등과 함께, 밥이나 국수 고명으로, 볶음요리 등 어디에 사용해도 잘 어울린다.

음식의 맛은 '장맛'이라고 할 정도로 장은 음식의 맛을 결정짓는 중요한 조미료입니다. 특히 간장은 국이나 찌개, 나물류 등 다양한 요리에 사용하는 맛전도사입니다. 간장은 크게 전통간장(조선간장), 양조간장, 산분해 간장으로 분류할 수 있습니다.
전통간장 외 시중에서 간장을 구입할 시는 TN 지수(총질소함량, 즉 장의 원료인 콩 단백질이 얼마나 잘 분해되고 발효되었는지를 확인하는 수치, TN 1.0 이상 = 표준 / 1.3 이상 = 고급 / 1.5 이상 = 특)를 확인해야 하는데, TN 지수가 높을수록 가격도 비싸지만, 영양이나 감칠맛이 높다고 할 수 있습니다.

5.
쌀누룩 저염 고추장

재료

쌀누룩 300g, 고춧가루 300g, 발효콩가루 160g, 쌀요거트 600g, 천일염 100g. 액누룩소금 160g, 쌀와인(맛술) 60g, 버섯간장 140g

1. 유리볼에 쌀요거트와 액누룩소금, 버섯간장을 잘 섞는다.
2. 천일염을 넣고 잘 녹여준다.
3. 고춧가루와 발효콩을 섞어준다.
4. 생누룩을 넣고 잘 버무려 준 다음, 쌀와인을 골고루 배합하여 용기에 담는다.
5. 실온에서 이틀에 한 번씩 저어가면서 발효시킨다.
6. 2~4주 후 맛있는 저염 고추장이 완성된다.
   ※ 시간이 지날수록 더욱 깊은 맛이 난다.

쌀누룩 발효 산물은 분해효소 및 각종 영양성분이 풍부하여, 신진대사 및 면역기능이 저하되는 우리 몸에 꼭 필요한 영양원의 역할을 합니다.
이러한 쌀 발효산물로 만든 쌀누룩 저염 고추장은 생활 속 다양한 양념으로 사용할 수 있는 감칠맛과 영양이 풍부한 저염 고추장입니다.

6.

쌀누룩소금 양배추물김치

재료

양배추 2kg, 무 1kg, 양파 1개, 쪽파 또는 부추 50g, 누룩소금 60g, 상큼주스 라토마티나 500ml, 쌀미거트 500ml, 생강 1T, 마늘 3T, 다시마 10g(다시팩), 홍고추 50g, 물 6L

1. 양배추를 깨끗이 씻고, 나박 썰어 식초물에 담근 후 헹궈 물을 뺀다.

2. 무도 양배추와 똑같은 크기로 썬다.

3. 준비한 양배추와 무를 용기에 담아 누룩발효소금을 넣은 후 1시간 정도 절인다.

4. 양파는 채를 썰고, 쪽파와 고추는 3cm 크기로 썰어서 용기에 담는다.

5. 상큼주스 라토마티나, 쌀미거트, 물 6L를 넣고, 잘 저어준다.

6. 다시팩에 생강과 간마늘, 다시마를 넣고 용기에 넣어준 후, 실온에서 24시간 발효하여 냉장보관한다.

양배추의 셀포라핀과 식이섬유, 비타민 U, C, K, 유황과 염소 등이 암세포 증식억제와 면역력증대, 위를 편안하게 보호하며, 피부미용에 좋습니다.

7.

쌀누룩 요거트

재료

찹쌀 300g,
쌀코지 300g,
물 2L(밥물 포함),
전기밥통

1. 찹쌀을 깨끗이 씻어서 3~4시간 불린다.
2. 불린 찹쌀로 진밥을 지어 식힌다.
3. 식히는 동안 계량된 물의 일부를 사용하여 쌀코지를 불린다.
4. 밥이 식으면 불린 쌀코지와 나머지 물을 넣고 치댄다.
5. 보온밥통(55~60℃ 미만)에서 7~8시간 발효한다.
   ※ 자기 전에 준비하면 아침에 완성
6. 발효가 끝나면 깊은 맛이 우러나며, 재료 자체의 깔끔한 단맛을 느낄 수 있다.
7. 그냥 드셔도 되나, 식혀서 냉장 15일(또는 냉동보관)이면 풍미가 좋다.
8. 믹서기로 곱게 갈면 맛있는 쌀누룩 요거트가 완성된다.

단백질, 지방, 탄수화물의 분해 효소 작용으로 소화흡수가 용이하며, 장운동을 원활하게 하는 동시에 체력을 빠르게 회복시킵니다. 또한 쌀코지 효소, 항산화물질인 코지산, 비타민 B군, 바이오틴, 식이섬유, 올리고당, 가바 등 필수 아미노산이 인체의 신진대사를 원활하게 합니다. 음료용으로 그냥 마셔도 됩니다.

8.
쌀누룩 미역나물

재료

불린 미역 800g,
볶은통깨 10g,
쌀누룩분말소금 30g,
쌀누룩양파소금 40g,
채수 200ml,
들기름 10ml

1. 건미역을 깨끗하게 세척하고 물기를 꽉 짜준 후, 채수(200ml 중 100ml)에 담가서 불린다.

2. 불린 미역의 수분을 제거하고, 먹기 좋은 크기로 썰어준다.

3. 자른 미역에 쌀누룩분말소금, 쌀누룩양파소금, 나머지 채수 100ml를 넣고 버무려준다.

4. 들기름과 볶은 통깨를 넣고 한 번 더 버무려 주면 부드럽고 맛있는 미역 나물이 완성된다.

채수 만들기

채수: 물 1.5L, 무 300g, 다시마 10g, 양파 1개, 파뿌리 3개

1. 물에 무, 양파, 파뿌리를 넣고 팔팔 끓여준다.

2. 마지막 끓이기 10분 전에 다시마를 넣고 더 끓여준다.

※ 물이 1.5L에서 1L가 될 때까지 끓여준다.

미역은 지방함량과 열량이 낮지만 미네랄과 비타민이 풍부하며, 특히 미역에 포함된 알긴산은 미세먼지나 중금속 등 유해성분들을 배출하며 요오드, 철분 등은 조혈과 신진대사에 유익합니다. 또한 베타카로틴이 매우 풍부하여 활성산소를 제거하고 세포의 손상을 막는 데 효과가 있습니다.

9.

쌀누룩 고사리나물

재료

불린 고사리 500g, 쌀누룩분말소금 10g, 쌀누룩액소금 10ml, 양파소금 10g, 미거트 20ml, 채수 300ml, 볶은 통깨 10g, 들기름 10ml

1. 고사리를 물에 불려서 깨끗하게 세척한 후, 물기를 짜낸다.

2. 불린 고사리에 쌀누룩분말소금, 쌀누룩액소금, 양파소금, 미거트를 넣고 밑간을 하여 5~10분 정도 재워둔다.

3. 팬에 채수(300ml 중 100ml)를 넣고 볶아준다.
※ 채수는 미역 나물과 동일한 방법으로 만들어 이용한다.

4. 볶은 고사리에 나머지 채수 200ml를 넣고 뚜껑을 덮은 후 뜸들이듯이 익혀준다.

5. 수분이 어느 정도 날아갔을 때 불을 끄고 들기름과 볶은 통깨를 넣고 버무려주면 맛있는 고사리나물이 완성된다.

고사리는 식이섬유와 칼슘 함량이 높아서 뼈 건강에 도움을 주며, 특히 다양한 영양소를 함유하고 있어서 면역체계 강화에 효과가 있습니다.

10.
쌀누룩 죽순나물

재료

불린 죽순 400g,
쌀누룩액소금 10ml,
쌀누룩분말소금 10g,
채수 300ml,
들기름 10ml,
볶은 통깨 10g

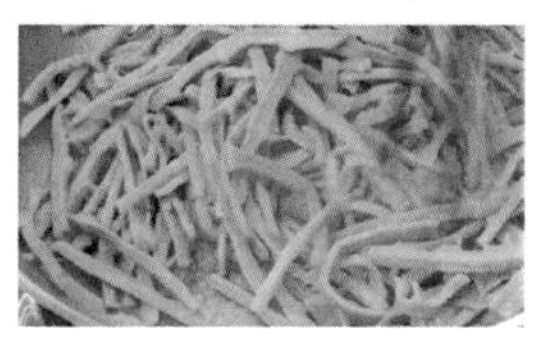

1. 건죽순을 세척하여 압력밥솥에 1시간 삶는다.

2. 무르게 삶은 죽순을 찬물에 담그고 손질해 준다.

3. 물기를 제거한 뒤 쌀누룩액소금, 쌀누룩분말소금을 넣고 밑간을 하여 5~10분 정도 재워둔다.

4. 팬에 채수(300ml 중 100ml)를 넣고 볶아준다.
   ※ 채수는 미역 나물과 동일한 방법으로 만들어 이용한다.

5. 볶은 죽순에 나머지 채수 200ml를 넣고 뚜껑을 덮은 후 뜸들이듯이 익혀준다.

6. 수분이 어느 정도 날아갔을 때 불을 끄고 들기름과 볶은 통깨를 넣고 버무려주면 닭고기 맛과 식감을 느낄 수 있는 죽순나물이 완성된다.

죽순에는 탄수화물과 단백질이 풍부하게 포함되어 있습니다. 특히 티로신, 베타인, 콜린, 아스파라긴 등의 단백질이 많아서 감칠맛이 납니다. 또한 칼륨, 인, 칼슘 등의 무기질과 식이섬유가 풍부하여 장 기능을 향상시키고 혈압 조절에 효과적입니다.

11.
쌀누룩 묵은지 무침

재료

묵은지 900g~1kg,
쌀요거트(묵은지가 침지될 정도의 양),
마늘 30g, 김 3장(김밥김, 곰창김 등),
부추 적당량, 볶은깨 적당량,
홍고추 또는 청고추 2개

1. 묵은지의 양념을 깨끗하게 물로 씻어서 물기를 짜준다.

2. 묵은지가 잠길 정도로 쌀요거트를 붓고 1시간 정도 침지해 준다.

3. 침지했던 묵은지는 다시 한번 짜준다.
   ※ 침지했던 쌀요거트는 김치를 담을 때 사용하여도 좋다.

4. 쌀요거트를 짜낸 묵은지를 먹기 좋은 크기로 자른다.

5. 부추는 크거나 작게 잘라도 되지만 묵은지와 같이 먹기 편하도록 비슷한 크기로 잘라준다.

6. 홍고추는 다지듯이 썰어서 넣어준다.

7. 김은 찢어서 넣어준다.
   ※ 너무 부시면 묵은지 무침이 지저분해 보일 수 있다.

8. 잘 버무려준 후, 볶은 깨를 넣고 다시 한번 무쳐준다.
   ※ 설탕이나 꿀, 조청 등 단맛을 내는 그 어떤 양념도 넣지 않은 맛있는 묵은지 무침이 완성된다.

묵은지는 김치찌개, 김치전의 주재료로 많이 이용되지만, 발효산물인 쌀누룩을 이용해 만든 쌀요거트만 있으면 그 어떤 양념 없이도 맛있는 '묵은지 무침'이 될 수 있습니다.

12. 쌀누룩 요리당

재료

건쌀누룩 500g,
쌀누룩액소금 10g,
물 1.5L

커피필터,
스프레이통

1. 샐마에 건쌀누룩과 물을 잘 섞어 60℃ 미만에서 4시간 당화한다.
2. 당화된 액을 체망에 걸러 쌀누룩과 액을 분리한다.
3. 분리된 액을 필터를 통해 깨끗이 걸러준다.
4. 용기에 담아 쌀누룩액소금과 섞어 요리당으로 활용한다.
5. 스프레이 통에 담아 천연화장품 토너로 활용한다.
6. 걸러낸 누룩을 믹서에 갈아서 가열 후 쌀잼으로 활용한다.

쌀누룩을 요리당이나 쌀잼으로 활용하면서, 천연화장품으로 사용할 수 있는 특급 비법을 알려드립니다.

13.

무설탕 팥잼 (쌀누룩 팥잼)

재료

팥 300g,
물 650ml,
쌀누룩 400g,
백세미 쌀요거트 500ml,
쌀누룩분말소금 5g

1. 팥 300g을 깨끗하게 씻어주고, 밥솥에 넣은 후 물 650ml를 부어주고 '현미, 잡곡' 모드로 취사해 준다.
   ※ 부드러운 잼을 원하면 팥을 으깨고 통팥으로 만들고 싶으면 그대로 사용한다.

2. 삶아진 팥에 쌀요거트 500ml와 쌀누룩 400g, 쌀누룩분말소금 5g을 넣고 잘 저어준다.

3. 밥솥의 내솥을 넣고 뚜껑을 연 상태에서 잠금장치를 해두고 두꺼운 천을 덮어준다.

4. 천을 덮은 상태로 8~10시간을 두면 완성된다.
   ※ 오래 둘수록 당도는 더 높아지지만 너무 오래 두게 되면 본연의 맛을 벗어나게 된다.

팥은 소장에서 흡수되지 않는 탄수화물로 대장 미생물들의 먹이원이 되는 "프리바이오틱스"입니다. 팥이 가진 식이섬유와 저항성 전분은 사람이 가지고 있는 세포 수보다 많은 미생물들의 먹이가 됨으로써 먹이를 먹은 미생물이 만들어내는 짧은 사슬지방산이 장을 건강하게 하고 튼튼하게 합니다. 또한 팥은 활성산소를 억제하고 노화를 방지하는 효과가 있습니다.

14.
쌀누룩 된장 김치

재료

알배추 2포기, 누룩소금(배추무게의 10%), 채썬 양파, 토종갓, 배 1/2, 사과 1/2, 마늘 40g, 생강 10g, 미거트 200g, 고춧가루 50g, 쌀잼 20g, 꾸지뽕액 50g, 2주 된장 100g, 누룩젓갈 20g, 양파소금 5g

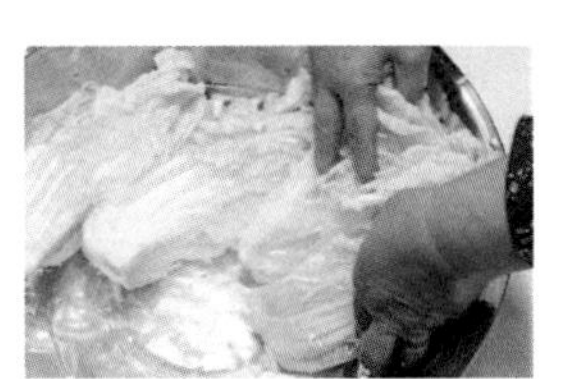

1. 알배추는 4등분해서 깨끗이 씻어 물기를 뺀 후, 누룩소금을 뿌려서 7시간 동안 절인 후 체반에 받친다.

2. 사과, 배 마늘, 생강을 갈아서 나머지 재료(미거트, 고춧가루, 쌀잼, 꾸지뽕액, 2주 된장, 누룩젓갈, 양파소금)와 섞어 양념을 만든다.

3. 누룩소금에 절인 배추에서 나온 물에 양념과 양파, 갓을 넣고 잘 버무린다.

4. 물 빠진 배추에 양념을 고루 바른 후 실온에서 하루 숙성하여 냉장보관한다.

쌀누룩 된장김치는 김치에 부족한 단백질을 보강하여, 유산균과 감칠맛이 높은 비건식 김치이며, 사시사철 언제든지 필요한 만큼 맛있게 만들어 드실 수 있습니다.

15.
쌀누룩 된장 깻잎

재료

쌀누룩된장 60g,
깻잎 300g,
쌀누룩요거트 300ml,
청양고추발효 맛샘 10g,
다진양파 50g, 간마늘 20g,
청주 20ml

1. 깻잎을 10분 정도 침지한 후 2~3번 헹궈주고 식초수에 다시 침지한 뒤 2~3번 다시 헹궈준다.

2. 세척한 깻잎을 세워서 표면에 물기를 완전히 제거한다.

3. 적당한 용기에 쌀누룩된장, 세척한 깻잎, 쌀누룩요거트, 청양고추발효 맛샘, 다진양파, 간마늘, 청주를 잘 섞어서 양념을 만들어준다.

4. 깻잎에 양념을 한 장씩 발라주면 시간이 오래 걸리므로 양손에 깻잎을 6~7장씩 들고 양념에 담그면서 양념을 발라준다.

5. 하루 정도 지나면 위쪽의 깻잎과 아래쪽 깻잎의 위치를 바꿔서 양념이 골고루 스며들게 해준다.

※ 막 담근 깻잎은 향이 진하고, 숙성하면 더욱 깊은 풍미가 살아난다.

깻잎의 루테올린성분이 체내 염증완화와 항알레르기 효과가 있습니다. 또한 폴리페놀과 베타카로틴 및 피톨은 세포와 피부 노화를 방지하고, 면역기능을 강화해 줍니다. 본 레시피에서는 깻잎에 부족한 단백질을 보충하기 위해 쌀누룩된장으로 양념을 하였습니다

16. 쌀누룩 단무지

재료

무 1kg
천일염 30g,
쌀잼 150g,
파인애플식초 10ml,
지퍼백 1장

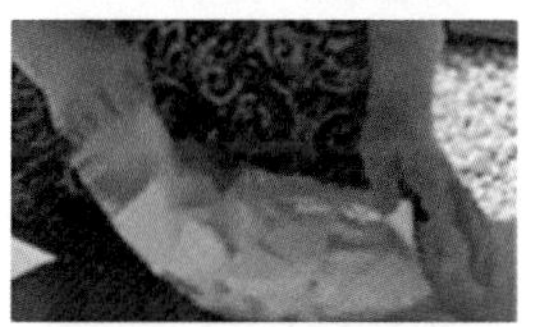

1. 흐르는 물에 무를 깨끗하게 씻어서 이물질을 제거한다.

2. 세척한 무의 껍질을 벗긴 후, 4등분하여 얇게 썰어준다.

3. 썬 무를 지퍼백에 넣고 소금과 잘 버무려준다.

4. 버무린 무를 하루 정도 보관한다.

5. 무의 수분을 짜주고, 쌀잼 및 파인애플식초와 잘 버무린다.
   ※ 매콤함을 좋아한다면 청양고추, 다시마와 함께 버무리면 된다.
   ※ 24~48시간 정도 숙성 후 먹으면 더욱더 감칠맛을 느낄 수 있다.

무는 "동의보감", "본초강목"에서 속을 편안하게 하고 오장의 악기를 없애며, 가래를 해소하고 소화를 촉진합니다. 무에 포함된 다이아스테이스와 아밀레이스 등의 성분은 소화를 도와주며, 독특한 쏘는 맛을 가진 시니그린이라는 성분은 기관지의 점막을 보호하여 목이 건조해지기 쉬운 환절기에 유용합니다.

17.

쌀누룩 오이피클

재료

오이 6개, 미거트 1L,
쌀누룩소금 30ml,
사과식초 150ml,
쌀와인 150mlk, 국즙 500ml,
파프리카 또는 양파, 청양고추,
피클링스파이스

1. 국즙에 쌀와인, 식초, 미거트, 쌀누룩소금을 넣고 끓여준다.
2. 피클초가 끓는 동안 야채(오이, 파프리카, 청양고추)를 식초물에 침지한 후 여러 번 헹궈서 준비한다.
3. 오이는 5~6mm 정도로 썰어주고, 파프리카와 청양고추는 한 입 크기로 썰어준다.
4. 피클초가 끓으면 피클링스파이스를 넣어준다.
5. 썬 야채를 유리나 스테인리스 용기에 담아서 끓은 피클초를 부어주고 3~4시간 상온에서 침지한다.

   ※ 완성된 오이피클은 냉장보관한다.

음식에 들어가지 않으면 맛이 없게 느껴질 정도로 설탕은 우리 생활에 깊숙이 들어와 있습니다. 과도한 설탕의 섭취는 당뇨, 고혈압 등 무서운 질병을 유발하는 주요한 원인입니다.
여기서는 설탕의 단맛을 대신할 수 있는 쌀을 발효한 쌀당과 그 당을 이용한 쌀발효 오이피클을 소개합니다.

18.
쌀누룩 소고기 맛쌤

재료

우둔살 500g,
토마토식초 30ml, 쌀잼 5g,
쌀와인(청주) 5ml, 부추 10g,
간마늘 5g, 쌀누룩분말소금 3g,
쌀누룩분말 30g

1. 우둔살을 갈아서 준비한 후, 토마토식초, 쌀잼, 쌀누룩와인(청주), 부추, 간마늘, 쌀누룩분말소금을 넣고 간이 배도록 잘 버무려준다.

2. 버무린 우둔살에 쌀누룩분말을 조금씩 넣어가며 다시 버무려준 후, 30분간 숙성시킨다.

3. 숙성시킨 우둔살을 기름이 없는 프라이팬에서 익힌 후, 건조기에 넣고 바스락 소리가 날 때까지 건조시킨다.

4. 건조된 우둔살을 믹서기에 넣고 곱게 갈아준다.
   ※ 완성된 소고기 맛쌤은 영양죽, 미역국, 김밥 등 모든 요리에 이용이 가능하다.

소고기는 8가지 필수아미노산이 풍부하여 성장기 어린이, 청소년, 임산부에게 좋은 영양공급원이며, 신체발달과 균형유지를 돕고, 근육이나 관절을 튼튼하게 합니다. 또한 비타민A와 B가 풍부하여 눈의 피로를 감소시키고, 건강한 피부를 유지하는 데 도움이 됩니다.

19.

쌀누룩 단호박 수프

재료

단호박 300g,
양파 100g,
복숭아(토마토, 사과, 배 등도 가능),
잣 10g(캐슈넛, 아몬드, 땅콩),
쌀요거트 250ml

1. 식초 3스푼을 탄 식초수에 단호박을 10분간 침지하였다가, 흐르는 물에 깨끗하게 세척해준다.
   ※ 단호박은 껍질 채 사용하므로, 껍질을 깎지 말고 세척해야 한다.

2. 단호박, 양파, 복숭아를 찌거나 전자레인지에서 씹히는 맛이 없을 정도로 익혀준다.

3. 익은 단호박을 쉽게 갈아지도록 잘라주고 복숭아와 양파도 잘라준다.

4. 믹서기로 한번 갈아주고 잣을 넣고 다시 한번 갈아주면 맛있는 단호박 스프가 완성된다.
   ※ 설탕 없이 만든 팥잼이나 건대추 등의 토핑을 취향에 따라 넣으면 좋다.
   ※ 쌀요거트나 우유에 단호박 수프를 한 스픈 넣으면 든든한 한 끼가 된다.

단호박의 단맛은 각종 스트레스, 불면증, 우울증 등의 증상을 완화시켜주는 데 도움이 됩니다. 특히 단호박에 들어있는 ß-카로틴, 페놀산, 비타민E는 활성산소를 제거하여 노화를 방지하며, 면역력을 향상시키고, 감기 예방과 피부미용에 좋습니다.

20.
쌀누룩 밤묵

재료

생밤(껍질 제거된) 500g,
쌀요거트 20g, 쌀누룩 5g,
쌀누룩소금 10g(건 5g, 액 5g),
고명(김가루, 통깨), 물 2~3L,
믹서기, 유리볼, 면주머니

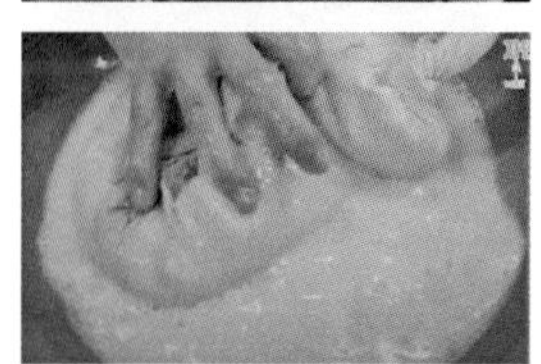

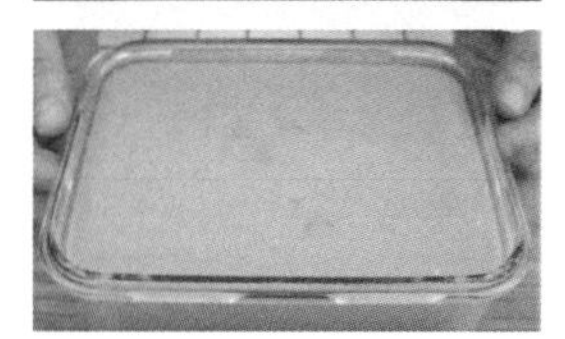

1. 믹서기에 밤과 물, 쌀누룩을 넣고 곱게 갈아 준다.
2. 면주머니가 놓인 유리볼에 간 밤을 넣고 주물러 짠다.
3. 밤의 전분이 다 빠져나오고 섬유질만 남을 때까지 치대어 액만 가라앉힌 후 5시간 냉장한다.
   ※ 건지는 따로 말려서 사용한다.
4. 윗물을 버리고 가라앉은 앙금을(약 1.1L) 불에 끓여준다.
5. 주걱으로 저어가며 누룩소금을 넣고 기포를 확인한다.
   ※ 기포가 풍선처럼 부풀어서 터지지 않으면 불을 끈다.
6. 사각 유리볼에 묵을 담고 차게 식히면 맛있는 밤묵이 완성된다.
   ※ 감칠맛을 내는 누룩소금 때문에 따로 양념장을 하지 않아도 된다.

밤 저장법

1. 밤을 물에 깨끗이 씻어서 건진 후, 다시 물에 담가서 물에 뜨거나 벌레 먹은 밤을 골라낸다.
2. 깨끗한 밤의 수분을 배보자기를 이용해 제거한다.
3. 지퍼백에 1kg씩 담아 쌀누룩분말소금 10g을 넣고 아래위를 뒤집어 골고루 섞어준 후, 냉장보관한다.

※ 한 달 이상 보관 가능하고, 숙성된 밤맛으로 단맛이 상승한다.

껍질을 세 번 벗겨야 먹을 수 있는 밤에는 단백질, 지방, 탄수화물, 섬유질과 무기질, 비타민 등 5대 영양소가 골고루 들어있어서 면역력 향상과 피로 해소에 좋습니다.
본 레시피에서는 영양가 높은 밤을 발효산물을 이용해서 저장하는 법과 저장된 밤을 까서 먹기 좋은 묵을 만드는 방법을 소개합니다.

21.
쌀누룩 미역묵

재료

미역 300g, 감자전분 100g, 물 300g, 쌀누룩분말소금 5g, 간장 20ml, 쌀요거트 20ml, 쪽파 2뿌리, 맛샘 5g, 마늘 5g, 참기름 5g, 볶은 통깨

1. 미역을 물에 불려 깨끗이 씻어서 헹군 다음 물기를 짜준다.
2. 물기를 짠 미역을 칼로 서너 번 잘라준다.
3. 감자전분(100g)에 동량(100ml)의 물을 넣고 잘 저어준다.
4. 믹서기에 자른미역과 물에 풀어둔 전분, 나머지 물 200ml를 넣고 갈아준다.
5. 갈아낸 재료들을 유리그릇에 넣고 전자렌지에 3분 가열해준다.
6. 1차 가열한 미역묵은 다시 섞어주고 거기에 쌀누룩분말소금과 참기름을 넣고 다시 저어준 후, 전자레인지에서 3분 가열해 준다.
7. 2차 가열한 재료를 작은 그릇에 옮겨 담아 시원한 곳에서 3~4시간 굳혀주면 미역묵이 완성된다.
8. 묵이 굳는 동안 간장, 쌀누룩미거트, 쪽파, 매콤한맛샘, 마늘, 참기름, 볶은 통깨를 잘 섞어 양념을 만들어준다.

미역에는 요오드, 칼슘, 철분, 마그네슘 등 다양한 성분이 함유되어 있어 면역강화 및 혈액순환 개선, 뼈건강 증진에 효과가 있습니다. 또한 알긴산과 후코이단 성분이 풍부하여 피부노화 예방과 칼로리가 낮고 식이섬유가 많아 다이어트에 좋습니다.

22.

쌀누룩 영양 쑥국

재료

쑥 100g, 다시마 10g,
무 100g, 두부 100g,
미거트 30ml,
된장 20g, 마늘 5g

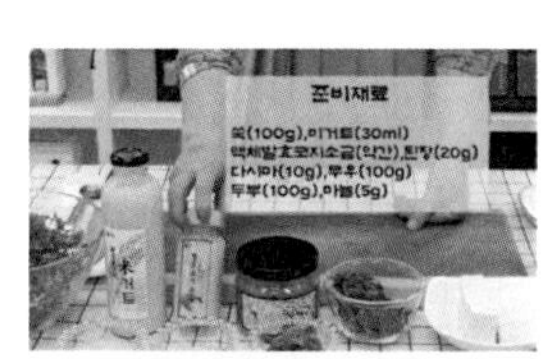

1. 쑥에 묻어있는 흙을 제거하기 위해 쑥을 물에 10~20분 정도 담갔다 건져서 여러 번 헹군다.

2. 물에 다시팩에 넣은 다시마를 넣어 육수를 우려준다.

3. 세척한 쑥을 2~3번 먹기 좋은 크기로 잘라준다.

4. 무와 두부를 쑥과 비슷한 크기로 얇게 채를 쳐준다.

5. 물이 끓으면 손질한 무와 두부를 넣고 쌀뜨물 대신 미거트를 넣어준다.

6. 된장을 넣고 잘 풀어준다.

7. 물이 끓으면 간을 본 후 액체 발효쌀코지소금으로 염도를 조절한다.

8. 쑥을 넣고 끓인 뒤 마지막에 마늘을 넣고 다시 한번 끓여주면 맛있는 쑥국이 완성된다.

쑥은 항균, 해독, 소화기능 향상에 좋으며, 특히 비타민, 철분, 칼슘, 칼륨, 인 등의 미네랄이 풍부하여 활성산소 억제 및 노화방지에 효과가 있습니다. 또한 고혈압을 예방할 수 있으며, 혈액 속의 백혈구 수를 증가시켜 면역기능을 높일 수 있습니다.

23.
쌀누룩 육전

재료
돼지고기 앞다리살 300g, 누룩소금 15g, 생각즙 15g, 전분가루 소량

밑간
양파즙 10g, 마늘즙 10g, 맛샘간장 10g, 후추 1T

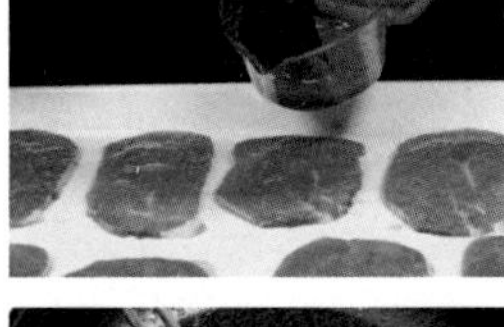

1. 돼지고기 앞다리를 얇게 저며서 50℃ 물에 씻은 후 키친타월로 물기를 제거하고, 누룩소금을 발라서 냉장고에 30분간 숙성시킨다.

2. 숙성된 고기를 준비한 밑간에 버무린다.

3. 양념에 버무린 고기에 전분가루를 묻혀서 참기름으로 구우면 맛과 영양이 풍부한 육전이 완성된다.

육전은 단백질과 철분이 풍부하고, 비타민 B1/B2가 풍부하여 피로회복에 효과적입니다.

24.
쌀누룩 된장 머위 무침

재료

머위 300g, 쌀누룩된장 20g, 맛샘 5g, 발효콩분말 10g, 쌀잼 5g, 발아현미흑초 2g, 마늘 2g, 볶은 통깨, 참기름

1. 머위는 한뼘 정도 자란 여린 잎으로 준비한다.
2. 머위를 잘 세척하고, 줄기가 조금 굵은 머위는 껍질을 벗겨준다.
3. 물을 넉넉하게 끓이고 머위를 뒤집어가며 데쳐준다.
4. 줄기가 익으면 건져내어 얼음물에 담가 식혀준다.
5. 데쳐서 식힌 머위의 물기를 꽉 짜내고 서너 번 칼로 썰어준다.
6. 준비한 머위에 쌀누룩된장, 맛샘, 쌀잼, 발아현미흑초, 마늘을 차례대로 넣고 잘 버무려준다.
7. 잘 버무린 머위나물에 발효콩분말을 넣고 버무린 뒤, 참깨와 참기름을 넣고 다시 한번 버무리면 고소한 머위나물이 완성된다.

비타민과 미네랄이 풍부한 머위는 혈관 염증을 예방하고 두통을 완화해 줍니다. 특히 사포닌 성분은 폐를 강화하고 가래를 삭여 호흡기 질환을 개선하고 간질환에 효과가 좋으며 콜린과 폴리페놀 성분은 장내 해독과 면역력을 향상시켜 신진대사를 원활하게 합니다.

25.
쌀누룩 된장 두릅 무침

재료

두릅 300g, 쌀누룩된장 10g, 곡성멜론식초 5ml, 마늘 5g, 초콩분말 5g, 쌀누룩소금 5g, 쌀잼 10g, 소금 10g, 맛샘 5g, 참기름, 통들깨

1. 끓는 물에 소금(10g)을 넣어 녹여주고, 두릅(300g)을 넣고 살짝만 데쳐 건져낸다.

2. 데친 두릅을 얼음물에 담가 식혀주고, 흐르는 물에 두 번 헹궈준다.

3. 두릅의 끝을 다듬어준다.
   ※ 생두릅은 진액이 나오는데, 살짝 데쳐서 다듬으면 깔끔하게 손질할 수 있다.

4. 다듬은 두릅을 한입에 먹을 수 있게 한 잎씩 떼어낸다.

5. 손질이 끝난 두릅에 쌀누룩된장을 먼저 넣고 무쳐준다.

6. 곡성멜론식초, 마늘, 초콩분말, 쌀누룩소금, 쌀잼, 맛샘, 참기름, 통들깨를 넣고 다시 무쳐주면 맛있는 두릅무침이 완성된다.

두릅은 원기 회복과 혈당 개선을 도와주는 산채의 제왕이라고 합니다. 단백질, 비타민A/C, 사포닌 베타카로틴, 칼슘, 칼륨, 섬유소 등이 풍부하여 면역력 증진과 뼈 강화에 좋으며, 혈액순환과 신진대사를 촉진하여 피로를 풀어주고 몸의 활력을 증강시키는 효과가 있습니다.

26.

쌀누룩 돈나물 물김치

재료

돈나물 400g, 토마토캐닝 100ml, 미거트 300ml, 배 250g, 부추 50g, 파프리카 50g. 다시마 10g, 마늘 40g, 생강청 10ml, 쌀누룩분말소금 50g, 쌀누룩액체소금 30ml, 쌀누룩액젓 10ml, 파인애플식초 20ml

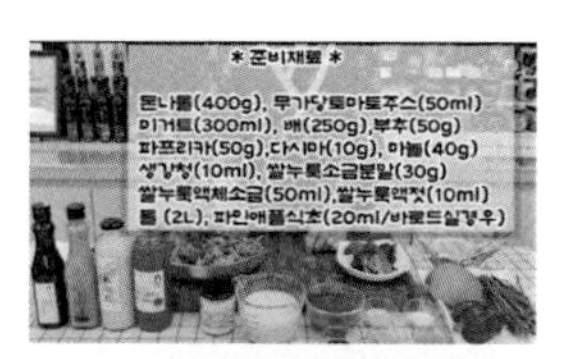

1. 돈나물은 식초물에 담가서 헹궈 물기를 빼준다.

2. 배, 부추, 파프리카를 썰어 준비해둔다.

3. 물 2L에 미거트와 토마토캐닝을 넣고 잘 섞어준다.

4. 미거트와 토마토캐닝을 섞은 육수에 마늘, 생강청, 쌀누룩분말소금, 쌀누룩액체소금, 쌀누룩액젓를 차례대로 넣고 저어준다.

5. 다시마 다시팩을 김치통 바닥에 깔고 그 위에 돈나물, 파프리카, 배, 부추를 두세 번에 나누어 순서대로 층층이 쌓아주면 맛있는 돈나물 물김치가 완성된다.

※ 발효산물이 들어가서 3~4시간 정도 후에 바로 먹을 수 있지만, 파인애플식초(10ml)를 넣으면 바로 먹을 수도 있다.

돈나물은 칼슘이 우유의 2배나 함유되어 골밀도를 강화해주고 뼈와 치아를 튼튼하게 해주며, 인과 비타민C 또한 풍부하여 신진대사와 혈액순환을 촉진하고 피부미용과 피로해소에도 좋습니다.

27. 생강레몬 해독주스

재료
생강 400g,
감귤 3kg,
레몬 1kg,
물 1L,
쌀누룩소금 20g

1. 생강을 깨끗이 씻어 슬라이스한다.
2. 슬라이스한 생강을 압력솥에 넣고 물 2리터를 붓는다. 30분간 끓인 후 액체만 사용한다.
3. 감귤은 껍질을 벗겨 착즙 후 끓이고 농축시켜 당도를 올린다.
4. 레몬은 뜨거운 물을 부어 1차로 오일 성분을 제거 후 소금으로 비벼 2차 오일 성분을 제거한다. 그다음 식초수에 담가 3차 오일 성분 제거 후 4차 끓는 물에 데쳐서 사용한다.
5. 오일 성분을 제거한 레몬을 반으로 잘라 씨를 제거 후 착즙한다.
6. 착즙된 레몬과 농축된 귤, 생강즙에 누룩소금을 넣어 완성한다.
7. 용기에 담아 냉장, 냉동 보관하면서 사용한다.

"생강레몬 해독주스"는 해독과 면역, 다이어트에 탁월한 생강과 레몬을 마시기 좋게 주스로 생활음료를 만들었습니다.

28.
무나물

재료
무 900g, 쌀누룩건소금 30g, 양파소금 20g, 중화소금 20g, 맛술미림 10g, 쌀요거트 50ml, 간마늘 20g, 쪽파 20g, 아보카드유 10ml, 들기름 10ml, 깨 10g

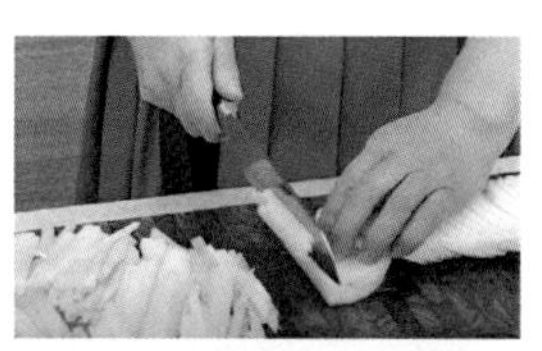

1. 무를 깨끗이 씻어 껍질채 0.2~0.3mm 간격으로 채를 썬다.

2. 볼에 담아 양파소금과 건누룩소금에 20~30분 절인다.

3. 팬에 아보카드유를 뿌리고, 절여진 무와 즙, 미림, 쌀요거트를 넣고 뚜껑을 닫아 무르게 익힌다.

4. 무가 익으면 마늘, 중화소금을 넣고 간을 맞추고 불을 끈 후, 들기름과 파, 깨를 넣고 완성한다.

"아삭한무나물"은 가을 이후 입맛을 찾기 위해 '소화의 디아스타제와 간 해독에 좋은 시니그린'이 풍부한 가을무를 이용해 무르지 않고 아삭한 무나물로 개발하였습니다.

29.

쌀 발효 잼

재료

건 쌀누룩 200g,
쌀요거트 400ml,
액누룩소금 10g,

밥솥. 유리볼

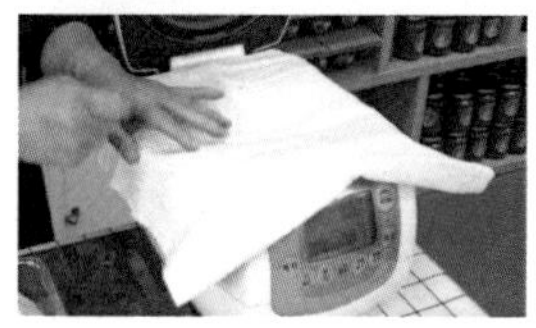

1. 유리볼에 건 쌀누룩과 쌀요거트를 섞어 준다.

2. 섞어 놓은 누룩을 압력솥에 담고 액누룩소금을 넣는다.

3. 뚜껑을 열고 면보를 덮은 후 50~60℃ 에서 8~12시간 발효한다.

※ 중간중간 교반해 준다.

4. 발효 완료 후, 믹서기로 곱게 갈면 맛있는 쌀 발효잼이 완성된다.

※ 쌀 발효잼은 설탕이 필요한 모든 요리에 사용할 수 있다.

쌀누룩과 쌀요거트는 각종 효소와 영양성분의 보고이며, 모든 요리에 설탕 대신 사용할 수 있는 건강한 천연당인 쌀잼의 주요 재료입니다.

30.
쌀 발효빵

재료

쌀가루 230g, 쌀요거트 150ml, 쌀잼 50g, 쌀누룩소금 10g, 이스트 2g, 올리브유 10g, 유리볼

1. 따뜻하게 데운 쌀요거트에 쌀잼, 쌀누룩소금, 이스트를 넣고 잘 섞어준다.

2. 채에 한 번 내린 쌀가루와 올리브유를 쌀요거트에 넣고 반죽을 만든다.

3. 유리볼에 뚜껑을 닫고 30℃에서 40~50분간 발효시킨다.
   ※ 부피가 2배가 될 때까지 발효시킨다.

4. 발효된 반죽을 잘 저어 가스를 빼준다.

5. 기름 바른 프라이팬을 5초간 센불로 달구고 불을 끈 다음, 완성된 반죽을 부어서 뚜껑을 덮고 20~30분간 2차 발효를 한다.

6. 발효 후 최약불에서 10~13분 익히고, 뒤집어서 5~6분간 더 익히면 맛있는 쌀 발효빵이 완성된다.

밀은 탄수화물이 많아 비만의 원인이 되고, 밀에 함유된 글루텐은 중독성이 있어서 계속 빵을 먹게 하는 원인이 되고 있습니다. 또한, 시중의 빵은 과다한 설탕 사용과 개량제와 방부제의 사용으로 우리의 건강을 위협하고 있습니다. 이에 반해 쌀 발효빵은 풍부한 분해효소가 포함되어 소화와 영양이 우수하고, 식감까지 쫄깃합니다.

31.
쌀누룩 생강 소금

재료

생강 200g, 건쌀누룩 200g
천일염 80g, 채수 100g

유리병 용기, 푸드프로세서
스파출라, 유리볼

1. 생강을 깨끗이 씻어 이물질을 제거한 후, 수분을 제거한다.
2. 세척한 생강을 잘게 잘라 푸드프로세서에 넣고 곱게 간다.
3. 유리볼에 쌀누룩과 천일염을 넣고 잘 섞어준다.
4. 갈아놓은 생강을 유리볼에 넣고 교반 후, 채수를 넣고 섞어 준다.
5. 용기에 담아, 실온에서 10일~14일 발효하면서 매일 교반한다.
6. 발효가 끝나면 맛있는 쌀누룩 생강 소금이 완성된다.
   ※ 완성된 생강 소금은 용기에 담아 냉장보관한다.
   ※ 김치나 고기를 잴 때, 국이나 찌개와 같은 음식의 간을 맞출 때 등 모든 음식에 사용할 수 있다.

생강에 풍부하게 함유된 진저롤은 지방세포와 염증을 분해하고, 체온을 상승시켜 면역력 향상에 좋습니다.
생강 소금은 삼투압 조절, 항상성 유지, 음식의 간 조절 등 소금 본래의 기능에 생강의 약성 장점을 가미시킨 건강 소금입니다.

32.
쌀누룩 생강청

재료

건생강 50g,
쌀누룩요거트 1L,
건쌀누룩 400g,
생강즙 50g,
건대추 50g, 물 1L,

보온밥통, 믹서

1. 밥통에 모든 재료를 넣고, 보온에서 약 10시간 발효한다.

2. 발효가 완성되면, 믹서에 곱게 갈아 병입한다.
   ※ 물에 타서 차처럼 마시거나, 각종 음식에 활용하면 좋다.

몸이 차면 병원균의 침투가 빨라, 만병의 근원이 됩니다. 이에 우리는 생강을 섭취하여, 몸을 따뜻하게 하여야 합니다. 이때 생강을 많이 섭취하기가 곤란하므로 틈틈이 차로 마시거나, 식사 시 반찬을 만들 때, 조금씩 넣어서 섭취하면 좋습니다.

33.
쌀 발효 감자칩

재료

감자 300g, 고구마 100g, 양파 100g, 쌀요거트 100ml, 건누룩소금 10g, 타피오카 200g, 짤주머니

1. 감자, 고구마의 껍질을 벗겨서 푹 찌고, 양파는 살짝 찐다.

2. 찐재료와 쌀요거트, 건누룩소금을 믹서에 넣고 곱게 간다.

3. 갈아진 재료와 타피오카를 볼에 넣고 잘 섞어서, 짤주머니에 넣는다.

4. 건조기 판에 기름종이를 깔고, 짤주머니로 짜서 모양을 만든 후, 기름종이를 덮고 컵으로 눌러 모양을 잡는다.

5. 70℃에서 건조하면 맛있는 쌀 발효 감자칩이 완성된다.

감자의 식이섬유와 비타민 군은 소화를 돕고 체내의 독소를 제거함으로써 체중감량에 도움을 주며 위장운동 개선과 면역력 증진에도 효과적입니다. 또한 비타민A/C와 항산화물질은 피부미용과 시력보호에 좋습니다.

34. 쌀누룩 떡국

재료(떡국떡)

쌀가루(습식) 500g, 누룩소금 30g, 쌀요거트 100ml,

전기밥솥, 면보, 찜기틀

떡국떡

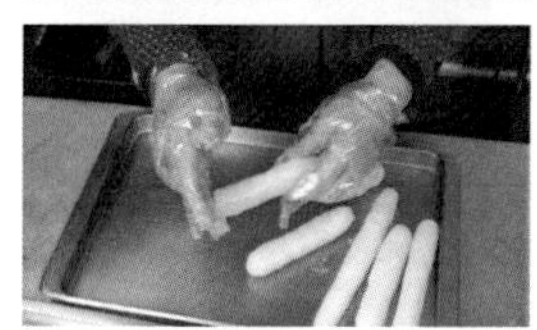

1. 볼에 쌀가루와 쌀요거트, 누룩소금을 넣고 버무린다.
2. 체에 내린다.
3. 밥솥에 찜기를 놓고 면보를 깐 후, 쌀가루를 넣고 감싼다.
4. 백미취사를 눌러 30분간 취사한다.
5. 쪄낸 떡을 스텐 트레이에 놓고 치댄다.
6. 치댄 떡을 100g 단위로 잘라 가래떡 형태를 만든다.
7. 건조시킨 후, 썰어서 사용한다.

떡국

1. 소고기를 잘게 잘라 마늘누룩소금에 재운다.
   ※ 소고기를 재는 동안에 지단을 준비한다.
2. 채수를 준비한다.
3. 재운 고기를 볶아서 익힌 후, 채수를 넣고 끓인다.
4. 물이 끓으면 떡국떡을 넣고 끓인 다음, 누룩소금으로 간을 한다.
5. 그릇에 담아내어, 고명을 올리면 맛있는 떡국이 완성된다.

재료(떡국)

소고기(불고기용) 200g, 채수 2L, 누룩소금 10g, 마늘누룩소금 50g 쌀누룩 떡국떡 300g

고명

계란지단, 김

누룩떡국은 쌀누룩에 있는 단백질, 지방, 탄수화물 분해효소를 이용하여, 쫀득한 식감과 감칠맛을 더한 건강식입니다.

35.
쌀누룩 두부소스

재료

두부 한 모 300g, 아몬드 100g, 캐슈넛 100g, 미거트 300ml, 엑스트라버진올리브오일 20ml, 양파 30g, 분말누룩소금 5g, 쌀잼 30g, 발효식초 30ml, 오디펄식초+유자펄식초

1. 아몬드는 물에 30분 정도 불려서 껍질을 제거한 후 사용한다.

2. 캐슈넛은 물에 30분 정도 불려서 탈수한 후 사용한다.

3. 물기를 제거한 두부에 쌀요거트를 넣어준다.

4. 엑스트라버진올리브오일, 껍질을 벗긴 양파, 발효분발누룩소금, 쌀잼을 차례대로 넣고 믹서기에 갈아준다.

5. 갈아낸 재료에 발효식초를 넣고 잘 저어주면 식물성 샐러드 소스가 완성된다.

※ 과일과 채소를 먹기 좋은 크기로 썰어서 샐러드 소스를 뿌려 먹으면 감칠맛을 느낄 수 있다.

본 레시피에서는 인공적인 소스에 길들여져 건강을 잃어가는 현대인들에게 식물성 샐러드 소스인 두부소스를 알려드립니다.

36. 쌀누룩 발효두부

재료

생콩가루 100g, 계란 3개, 백세미쌀요거트 30ml, 물 200ml, 사과식초 20ml, 쌀누룩분말소금 5g, 참기름 5ml, 부추, 당근

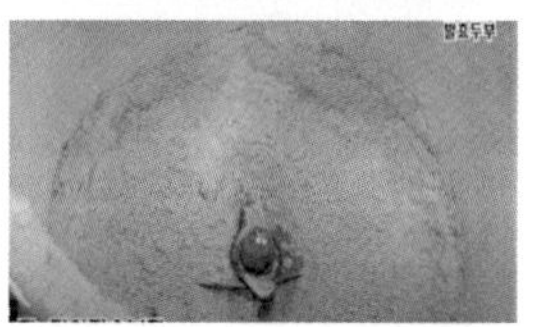

1. 콩(백태)을 깨끗하게 씻어서 건조기에 10시간 내외로 완전히 건조해 준다.

※ 콩을 씻을 때 물에 오래 담가두지 않아야 한다.

2. 건조된 콩을 분쇄기에 넣고 가루로 만들어주고, 분쇄한 콩가루는 그냥 사용해도 되고 부드러운 식감을 원하면 채내림을 해준다.

3. 생콩가루, 계란, 백세미 쌀요거트, 물, 사과식초, 쌀누룩분말소금, 참기름을 넣고 잘 섞어준다.

4. 잘 섞어둔 재료는 사용 가능한 그릇에 담아 찜기에 넣고 중불에 25분, 약불에 10~15분 정도 쪄준다.

※ 영양과 맛, 그리고 색을 위하여 집에 있는 야채, 해물, 해초 등 다양한 재료를 첨가해도 좋다.

5. 완전히 식힌 후 그릇에서 분리한다.

※ 잘 썰어서 발사믹이나 방아페스토, 매운 양념 등을 뿌리면 더욱더 맛있는 두부 요리를 즐길 수 있다.

두부는 열량이 낮고 포만감도 있어 다이어트에 좋습니다. 이소플라본과 레시틴은 암세포의 성장을 억제하고 혈액순환을 원활하게 해주며, 몸속에 쌓인 체지방을 배출해줍니다.

37.

쌀누룩 마늘소금

재료

마늘 100g,
쌀누룩 300g,
소금 100g,
채수 450g,
용기

1. 스텐볼에 채수를 넣고, 소금을 완전히 녹여준다.

2. 녹인 소금물에 쌀누룩과 마늘을 넣고, 잘 섞어준다.

3. 용기에 담아 실온에서 10~14일간 매일 한 번씩 저어가며 발효시킨다.

※ 완성된 마늘소금은 마늘과 간이 필요한 모든 요리에 사용할 수 있다.

마늘의 알리신은 대장균, 헬리코박터 파일로리, 감기 바이러스 등 병원균을 억제하거나 사멸시킵니다. 또한, 암세포의 성장과 전이를 억제하고, 혈액순환과 혈중 콜레스테롤 수치를 낮춥니다.
이 외에도 혈전을 억제하여 심혈관 질환을 예방하고, 인슐린 분비를 촉진하여 당뇨병을 조절합니다.

38.
쌀누룩 맛소금

재료

마늘 150g,
생강 150g,
파의 흰 부분 150g,
건누룩 300g,
소금 100g,
채수 530g

1. 마늘과 생강의 껍질을 벗긴다.

2. 마늘은 곱게 다지고, 생강은 강판에 갈아서 준비한다.

3. 대파는 다듬어 흰 부분만 곱게 다진다.

4. 채수에 소금을 넣고, 녹여준 후 다져놓은 마늘 생강 대파를 넣어 잘 저어 실온에서 10~14일간 발효한다.

※ 완성된 쌀누룩 맛소금은 볶음요리의 맛을 내는 데 잘 어울리고, 생선과 육류의 연육과 각종 요리에 다양하게 활용할 수 있다.

마늘과 생강, 채수로 만든 중화소금은, 마늘에 있는 알리신의 병원균 사멸 및 면역력증진 효과와 생강의 진저롤(ginggerol)에 의한, 항균작용과 체온상승, 비만방지 효과 등의 약성을 이용하여 발효한 맛소금으로 각종 건강요리의 맛을 내는데 보물 같은 소금입니다

39.
쌀누룩 발효두부 큐브

재료

두부 400g, 건누룩소금20g, 현미식초 100ml, 고춧가루 10g, 후추 5g, 올리브유 50ml

찜기, 유리볼

1. 단단한 두부를 큐브모양으로 썰어준다.

2. 찜기에 적당량 물을 넣고, 김이 오르면 자른 두부를 올려 5분간 쪄서 식힌다.

3. 천연식초에 식힌 두부를 넣고 골고루 바른다.

4. 유리볼에 고춧가루, 건누룩소금, 후추를 넣고 잘 섞어, 양념을 만든 후 두부에 양념을 골고루 바른다.

5. 살균된 유리볼에 큐브 두부를 차곡차곡 담고 올리브유를 뿌려 냉장고에서 1주 숙성하면 맛있는 발효두부가 완성된다.

두부 단백질인 이소플라본은 암세포의 성장을 억제하고 혈액순환을 원활하게 하며 특히 여성의 갱년기 증상을 완화하고 피부건강에 효과적입니다. 두부의 단백질은 근력과 면역력 향상에 필수적이며 레시틴은 몸속에 쌓인 체지방을 배출해 줍니다.

비타민B2, 칼슘 등이 풍부해 피로해소와 세로토닌의 분비가 활성화되어 심리적 안정과 스트레스를 완화합니다.

40.

쌀누룩 발효카레

재료

건쌀누룩 400g, 건쌀누룩소금 40g, 쌀잼 300g, 매콤소스맛샘 100g, 천일염 80g, 양파 400g, 토마토 400g, 생강즙 20g, 마늘 50g

1. 믹서에 쌀누룩카레 재료를 모두 넣고 곱게 간다.
2. 재료를 유리볼에 담아 보온으로 10시간 둔다.
3. 라드유를 넣고 돼지고기를 썰어서 익힌다.
4. 야채를 볶은 후, 채수를 넣고 뚜껑을 닫아 익힌다.
5. 발효카레를 넣고 졸이듯 끓여서 완성한다.

"쌀누룩발효카레"는 쌀누룩 발효양념을 이용하여 첨가물이 많은 시중 카레와 차별화된 건강한 카레입니다.

41.
발효 밥피자

재료

밥 400g, 발효콩분말 50g, 쌀누룩액소금 20ml, 김치 150g, 계란 3개, 모짜렐라치즈 100g, 대파 100g, 버터 10g, 청양고추 1개

1. 깨끗하게 씻은 김치의 물기를 짠 후 잘게 다진다.
2. 볼에 밥, 발효콩분말, 계란, 대파를 넣고 섞은 후, 김치와 쌀누룩액소금, 고추를 넣고 반죽한다.
3. 팬에 버터를 녹인 후 반죽된 밥을 고르게 펴서 뚜껑을 닫고 약불에서 익힌다.
4. 한 면이 익으면 뒤집어서 치즈를 뿌려 녹을 때까지 익혀서 완성한다.

"발효 밥피자"는 밥에 발효콩분말과 김치와 계란으로 반죽, 조리 후 모짜렐라치즈를 뿌려 완성함으로서, 밥을 새로운 맛의 피자로 재탄생시켰습니다.

42.

바나나 쌀눈 타락죽

재료

바나나 200g,
쌀눈 150g,
발효콩분말 100g,
쌀누룩 200g,
쌀누룩액소금 20ml,
호두 적당량, 물 1.5L

1. 유기농 쌀눈을 마른 팬에 볶는다.

2. 밥솥에 볶은 쌀눈과 쌀누룩, 바나나, 액누룩소금을 넣고 8~10 시간 발효한다.

3. 발효후 발효콩분말과 호두를 넣고 곱게 갈아준다.

4. 컵에 부어서 완성한다.

"쌀눈 타락죽"은 비타민 E, B 등의 항산화력이 우수한 쌀눈과 바나나를 발효시켜 만든 맛있는 죽입니다. 숙면과 우울증 해소를 돕는 효과가 있습니다.

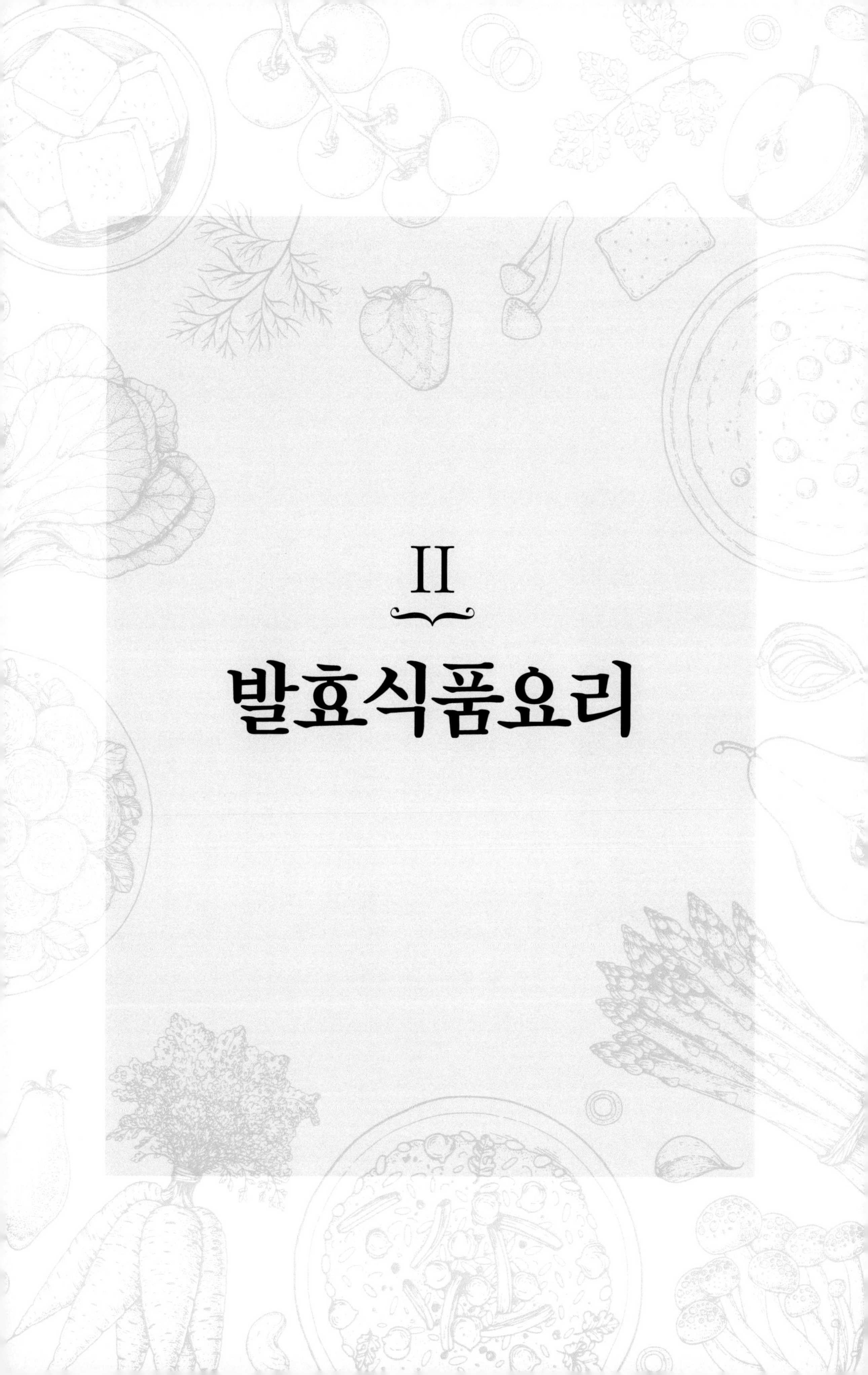

II

발효식품요리

1.

식물성 단백질 두부 잡채

재료

말린두부 100g, 쌀누룩액소금 40ml, 파인애플식초 10ml, 간마늘 10g, 새송이 100g, 양파 50g, 당근 50g, 애호박 50g, 파프리카 1개, 부추, 아보카도유, 볶은 깨 적당량

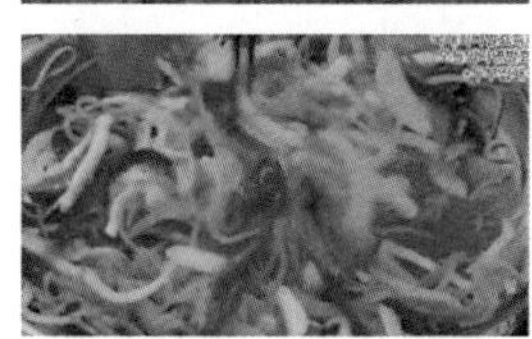

1. 시판 중인 두부는 물기를 제거하고 4~5mm 정도로 썰어준다.
2. 썬 두부는 건조기에 50°C에서 10시간 정도 건조한다.
3. 말린 두부를 물에 잠기도록 하여 냉장고에서 10시간 정도 불려준다.
4. 불린 두부는 물기를 제거하고 얇게 채썰어준다.
5. 두부에 쌀누룩액소금으로 밑간을 하여 한 시간 이상 침지한다.
6. 새송이와 양파를 얇게 썰고, 파프리카는 씨를 제거하고 썰어준다.
7. 애호박과 당근은 채칼을 이용하여 얇게 썰어 준비한다.
8. 프라이팬에 아보카도유를 뿌려 애호박→당근→양파→새송이→파프리카순으로 볶는다.
9. 채소를 볶은 후 마늘과 쌀누룩액소금을 넣고 한 번 더 볶아준다.
10. 채소를 볶은 후 잔열로 밑간을 한 두부를 볶아 식혀준다.
11. 파인애플 식초와 볶은깨를 넣고 무쳐주면 두부 잡채가 완성된다.

두부에 포함된 단백질인 이소플라본은 암세포의 성장을 억제하고 혈액순환을 원활하게 합니다.
두부의 단백질은 근력과 유지에 필수적이며, 레시틴은 몸속에 쌓인 체지방을 배출해 줍니다.

2.

토마토 해독주스

재료

적양배추 1/4,
완숙토마토 3개,
사과 1개,
쌀누룩액소금 5g,
파인애플식초 20ml,
물 300ml

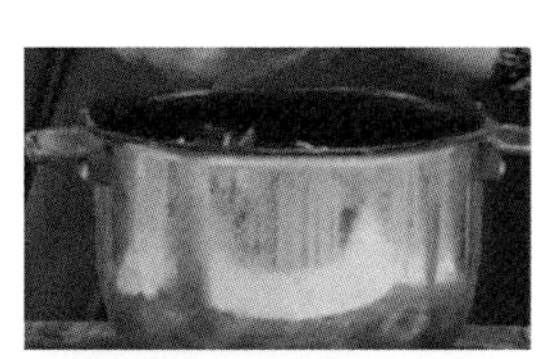

1. 양배추, 토마토, 사과를 식초수에 침지 후 여러 번 헹궈 물기를 제거한다.

2. 양배추, 토마토를 적당한 크기로 썰어서 물과 밥솥에 넣어 취사모드로 삶아준다.

3. 사과의 씨를 제거하여 썰어둔다.

4. 익은 적양배추와 완숙토마토를 식혀둔다.

5. 식힌 양배추와 토마토, 사과, 쌀누룩액소금, 파인애플식초를 넣고 갈아주면 해독주스가 완성된다.

완숙토마토는 라이코펜과 비타민C, A가 풍부하며 전립선 건강에 좋습니다. 양배추의 안토시아닌은 항산화 및 항염증에 효과가 있고, 비타민 U는 위장건강에 좋습니다. 사과는 펙틴, 비타민C, 칼륨 및 유기산이 풍부하여 파인애플 식초와 함께 해독과 피로회복에 좋습니다.

3. 토마토 마리네이드

재료

방울토마토 600g,
토마토식초 20ml,
쌀잼 50g, 뽕발사믹식초 80ml,
쌀누룩분말소금 5g,
올리브오일 60ml, 양파 250g,
부추나 방아잎은 기호대로 사용

1. 방울토마토를 식초물에 10분 정도 담근 후 여러 번 헹궈 물기를 제거하고, 꼭지를 제거한 후 십자 모양으로 칼집을 내준다.

2. 칼집을 낸 토마토는 끓는 물에 15~20초간 담갔다 얼음물에 담근다.

3. 얼음물에서 건져낸 토마토는 물기를 제거한 후 껍질을 제거한다.

4. 껍질제거된 토마토에 양파, 부추, 방아잎을 썰어서 넣어준다.

5. 쌀잼, 뽕발사믹식초, 쌀누룩분말소금, 올리브오일을 넣고 잘 버무려준다.

※ 발효된 양념으로 만든 "토마토 마리네이드"는 바로 먹어도 맛있지만 시원하게 해서 먹으면 더욱더 맛있다.

토마토가 빨갛게 익으면 의사들이 파랗게 질린다"라는 유럽 속담처럼 토마토에는 라이코펜, 비타민C/E, 칼슘, 칼륨, 베타카로텐, 식이섬유 등 다양한 영양소가 가득하며, 특히 항산화력이 뛰어나 염증 예방과 피부미용에 탁월한 효과가 있습니다.

4.

오이롤 초밥

재료

오이 2개, 밥 450g,
뽕발사믹식초 30g,
쌀누룩분말소금 15g,
발아현미식초 10g,
다시마, 돌나물, 맛샘,
뽕발사믹캐비어식초,
라이스발사믹블럭식초

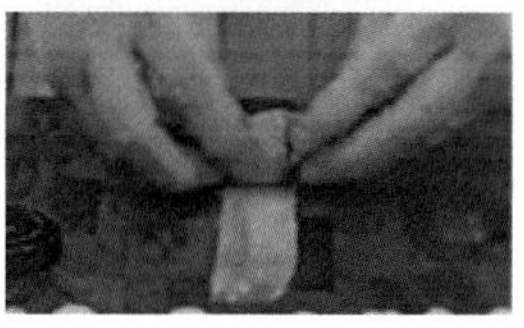

1. 다시마 몇 조각을 넣어 밥을 짓는다.
2. 오이를 식초물에 담가 잔류농약을 제거한 뒤 흐르는 물에 씻는다.
3. 야채 필러로 오이를 얇고 길게 잘라준다.
4. 밥을 지을 때 사용한 다시마를 잘게 다져준다.
5. 밥에 다진다시마, 뽕발사믹식초, 쌀누룩분말소금, 발아현미식초를 넣고 잘 버무려준다.
6. 한입에 들어갈 수 있는 크기의 주먹밥을 만든다.
7. 만들어진 주먹밥을 오이에 얹어 말아준다.
8. 완성된 오이롤 위에 약간 매콤한 맛을 주는 맛샘을 조금씩 토핑한다.
9. 맛샘 위에 돌나물, 뽕발사믹 캐비어식초, 라이스발사믹브럭식초를 토핑한다.

※ 토핑은 구하기 쉬운 어떤 재료도 상관없으며, 오이롤 초밥과 토마토 쥬스를 함께 드시면 환상적인 궁합의 한 끼 식사가 탄생한다.

오이의 펙틴은 장운동을 촉진하고 변비를 예방합니다. 천연 이뇨제로써 간의 대사작용 시 더 많은 독소를 제거하도록 도와주며, 피부의 열과 두통을 완화시킵니다.

5.
발효 두유 요거트

재료

서목태(불린) 200g,
다시마 10g,
미거트 500ml,
생강가루 2g(또는 생강청, 생강액),
액상쌀누룩소금 30g,
깨(견과류) 35g, 물 600ml

1. 서목태 200g을 흐르는 물에 깨끗하게 씻어준다.

2. 씻은 서목태는 물에 침지하여 6~7시간을 불려준다.

3. 불린 서목태와 다시마, 생강가루(또는 생강청, 생강액)을 밥솥에 넣어주고, 물 100ml를 넣은 후 취사모드로 삶아준다.
※ 불린 잡곡을 삶을 때 물 양은 내용물의 1/2이다.

4. 삶아진 서목태를 믹서기에 넣고 액누룩소금과 깨를 넣어준다.

5. 물 500ml와 미거트를 넣은 뒤 갈아준다.
※ 농도의 차이는 물과 미거트로 조절하면 된다.

콩은 인류역사상 식품 중에 가장 완벽한 식품으로써, 단백질, 탄수화물, 비타민A/B1/E, 불포화지방산 등과 칼슘, 레시틴, 이소플라본 등 다양한 영양 성분이 풍부하게 포함되어 있습니다.
특히 서목태는 혈액순환을 촉진하여 콜레스테롤 수치를 낮추고, 뇌신경과 간장을 튼튼하게 합니다.

6. 부추 양념장

재료

부추 100g,
매콤청양소스 10g,
만능맛간장 40g, 마늘 10g,
파인애플식초 10ml, 참기름 5ml,
홍고추 1개(또는 빨간 파프리카)

1. 깨끗하게 세척한 부추를 0.5mm로 잘게 썰어준다.

2. 홍고추는 씨를 제거하고 다져준다.

3. 매콤청양소스, 쌀누룩맛간장, 마늘, 파인애플식초, 참기름을 넣고 잘 버무려 준다.

4. 간단하지만 활용할 수 있는 용도가 다양한 부추맛 간장이 완성된다.

비타민A/C/K는 시력보호와 피부건강, 면역력 강화에 좋으며, 강력한 항산화물질인 플라이보노이드와 카로티노이드는 감염병 예방과 만성질환의 위험을 감소시킵니다.
"황화알릴"은 고혈압을 예방하며, 혈액순환과 몸을 따뜻하게 하고 기력과 정력을 증강시켜 줍니다.

7.
발효과일김치

재료

사과 큰 것 1개,
쌀누룩분말소금 5g,
고춧가루 10g,
쌀누룩젓갈 30ml, 쌀누룩잼 5g,
발효콩분말 10g, 부추, 쪽파,

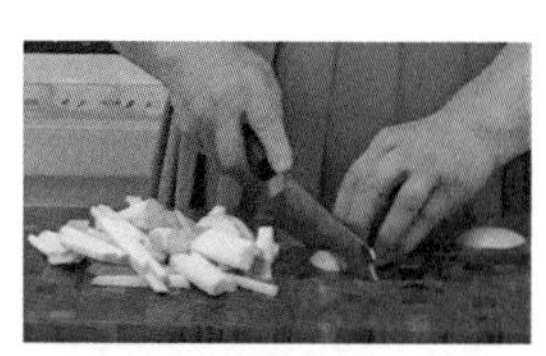

1. 사과를 깨끗하게 씻어서 깍둑썰기를 해준다.

2. 썬 사과에 쌀누룩분말소금을 넣고 버무려둔다.

3. 쌀누룩젓갈과 고춧가루, 쌀잼을 넣고 버무려준다.

4. 발효콩분말, 부추와 쪽파를 썰어 넣어준다.

단물이 빠져서 맛이 없는 과일을 쌀누룩양념으로 김치를 담가 먹으면 입맛도 살아나고 환절기 비타민 섭취도 수월하여 감기 예방에 좋습니다.

8. 천연소화제 단호박 식혜

재료

찹쌀 200g,
단호박 300g,
쌀누룩분말소금 5g,
물 3L,
건쌀누룩 300g

1. 찹쌀(또는 멥쌀)을 깨끗하게 씻어준다.
2. 껍질을 벗긴 단호박은 듬성듬성 썰어서 준비한다.
3. 씻은 찹쌀(또는 멥쌀)과 단호박을 전기밥솥에 넣고 일반밥을 하듯이 물을 손등 위로 잡고 취사해준다.
4. 익은 찹쌀(또는 멥쌀)과 단호박은 물을 붓고 식혀주고 밥알이 뭉치지 않게 잘 풀어준다.
5. 남은 물과 건쌀누룩, 쌀누룩분말소금을 넣고 잘 저어준 뒤 전기밥솥을 보온에 두고 8~10시간 발효해준다.
   ※ 발효된 단호박 식혜는 그냥 먹어도 되지만, 믹서기로 곱게 갈아서 마시면 더 부드럽다.

단호박에는 식이섬유, 탄수화물, 당질, 미네랄 및 비타민이 풍부하여, 지방이 체내에 쌓이는 것을 막아주고 혈액순환을 도와줍니다. 특히 단호박에 들어있는 ß-카로틴, 페놀산, 비타민E는 노화를 방지하며, 면역력을 향상시키고, 감기 예방과 피부미용에 좋습니다.

9.

당근 라페, 당근 샐러드

재료

당근 2개,
토마토식초 100ml,
생강청 10ml,
누룩소금 50ml,
분말누룩소금 100g,
쌀잼 1T

1. 당근을 채칼로 일정한 크기로 얇게 썰어준다.
2. 당근과 궁합이 잘 맞는 토마토식초를 넣어준다.
3. 분말누룩소금을 넣어준다.
4. 생강청을 넣어준다.
5. 당을 책임질 쌀잼 한 스푼을 넣고 잘 비벼준다.

※ 누름통에 보관하면 좋지만 없을 경우 지퍼백을 이용하면 된다.

※ 발효제품들과 당근 본연의 단맛이 합쳐져 시중에 판매되고 있는 음료보다 당도가 높다. 식전에 한 젓가락(20g) 정도 양으로 시식하면 당뇨환자들에게 더없이 좋은 음식이 된다.

당근과 발효식초가 교합되면 혈당조절에 탁월한 효과가 있습니다.

10.

수란 야채국수

재료

계란(필요한 만큼), 물 1L, 식초 50ml

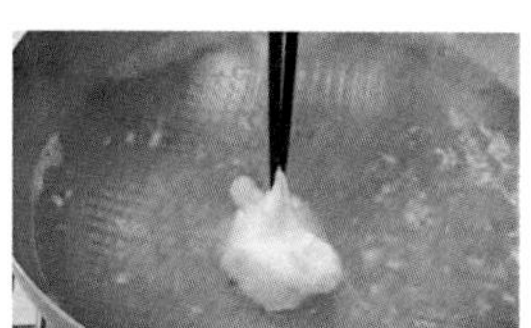

1. 계란은 작은 볼에 깨서 준비한다.
2. 냄비에 물을 끓인 후 식초를 넣는다.
3. 식초물이 끓어오르면 젓가락으로 저어 회오리를 만들어준다.
4. 회오리 가운데에 계란을 넣어준다.
5. 흰자를 집고, 계란 꼭지를 잡아서, 익을 때까지 잡고, 기다린다.
6. 계란 표면이 응고되었을 때, 젓가락을 놓고 2분 정도 더 익힌다.
7. 얼음물에 넣고 식힌 후, 수란을 꺼내서 채반 등을 이용해 수분을 뺀다.

※ 주의사항

- 계란을 볼에다 깨어 준비하지 않고, 바로 끓는 물에 넣으면 그대로 풀어져버린다.
- 계란파우치를 젓가락으로 잡았을 때 응고된 겉 부분에 탄력이 있으면 반숙이고, 더 익히고 싶으면 다시 넣어서 조금 더 익히면 된다.

※ 야채국수, 면, 밥 등에 올려 먹으면 좋고, 특히 야채국수와 함께하면 영양과 식사가 모두 충족되는 고급 요리가 된다. 이때, 누룩소금을 곁들이면 소화흡수에 훨씬 좋다.

계란은 단백질이 풍부하고 나트륨이 적으며 비타민과 무기질 등 우리 몸에 필요한 필수 아미노산을 골고루 갖추고 있어 질 좋은 단백질을 공급하는 매우 좋은 식품입니다.

11.
생고사리 나물

재료

고사리 500g, 물 2L,
미거트 30ml, 양파 150g,
마늘 10g, 쌀누룩소금 40g,
참기름 10g, 식초 2g,
발효콩분말 5g, 초콩분말 2g,
통들깨, 아보카도유

1. 끓는 물에 미거트를 넣고 고사리를 넣어준다(삶는 물은 나물의 4배).
2. 줄기가 말랑해질 때까지 뒤집어 가며 10분 정도 푹 삶아준다.
3. 삶은 고사리는 삶은 물이 식을 때까지 그대로 둔다.
4. 물이 식으면 고사리를 흐르는 물에 헹궈낸다.
5. 12시간 동안 물에 담가 중간중간 물갈이를 하며 독성을 빼낸다.
6. 고사리를 건져 물기를 짜내고 가위로 잘라준다.
7. 쌀누룩소금과 마늘(10g 중 5g)을 넣고 잘 버무려 밑간을 해준다.
8. 팬에 아보카도유를 넣고 양파를 썰어서 볶아준다.
9. 양파가 살짝 투명해지려고 하면 남은 마늘(5g)을 넣고 살짝 볶아주다가, 밑간을 해둔 고사리를 넣고 같이 볶아준다.
10. 볶은 고사리는 가열을 하지 않은 상태에서 식초, 발효콩분말, 초콩분말, 참기름, 통들깨를 차례대로 넣고 버무려준다.

광주광역시 보건환경 연구원의 연구결과에 따르면, 고사리를 삶고 침지하고 헹궈내는 과정은 독성 물질인 프트퀼로사이드와 타아미나아제를 용출시키고 단백질, 칼슘, 철분 등 약성만이 남는다고 합니다.

12.
한국형 사케, 쌀와인

재료

쌀누룩 900g,
끓여서 식힌물 1L,
쌀요거트 500ml
(선택: 와인용효모 1g)

1. 쌀누룩과 끓여서 식힌 물을 잘 섞은 후 통으로 옮겨 담는다.

2. 쌀요거트를 넣고 다시 한번 저어준다.

3. 당이 알코올화되면 이산화탄소가 발생하여 폭발할 수 있으므로 뚜껑을 꽉 잠근 상태에서 반 바퀴만 열어둔다.

4. 발효 적정온도는 20~25도이다.

5. 3~4일 정도 익으면 막걸리와 유사한 술이 완성되는데, 좀 더 부드러운 술을 원하면 일주일 정도 익혀도 된다.

6. 빠른 알코올 생성을 원하시면 효모를 넣어주어도 된다.

※ 효모의 양은 전체 양의 1/2,000이다.

※ 쌀와인은 술 자체로도 맛있지만, 요리주로 사용해도 아주 좋다.

쌀을 밥이 아닌 발효로 미리 승화시켜 그 어디에서도 접해보지 못한 나만의 술, 쌀누룩으로 쌀의 깊은 맛이 느껴지는 부드러운 100% 쌀와인을 소개합니다.

13.

박속 낙지탕

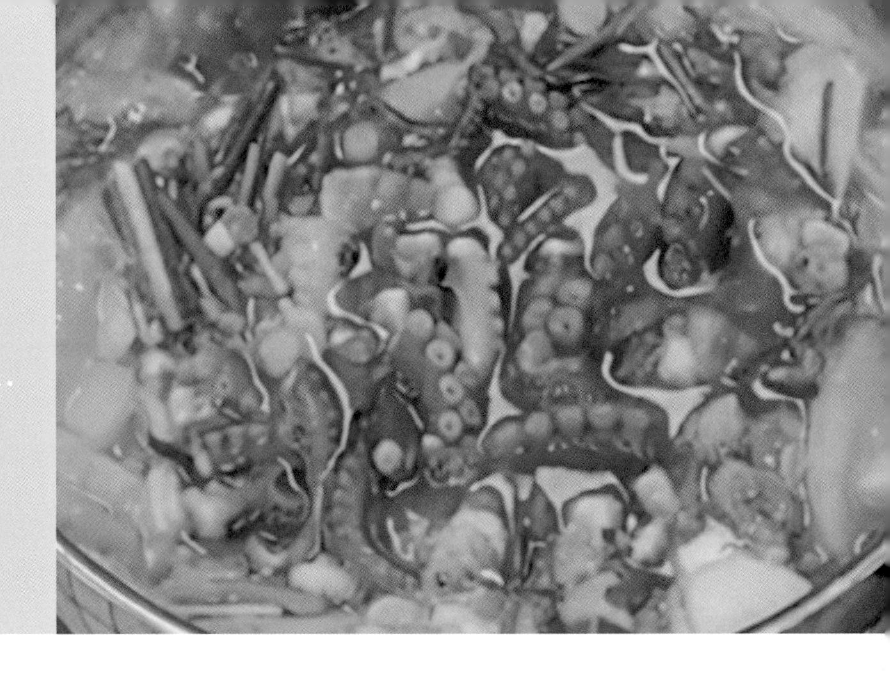

재료

박 400g, 낙지 2마리,
부추/청양고추 적당량,
대파 흰부분 적당량,
간마늘 15g,
쌀누룩액소금 30ml,
쌀누룩분말소금 10g

1. 박 껍질과 속을 제거한 후 3~4cm 정도로 썰어준다.
2. 청양고추와 대파 흰 부분은 잘게 썰고 부추는 적당한 크기로 썰어준다.
3. 채수 1L(물에 다시마를 침지하여 우려낸 물)를 붓고 박을 넣어준다.
4. 채수가 조금씩 끓기 시작할 때 낙지를 샤브샤브 하듯이 익혀 꺼낸 뒤 썰어준다.
5. 낙지를 건져낸 뒤 물이 팔팔 끓으면 썰어놓은 야채들을 넣고 익혀준다.
6. 야채가 익을 때쯤 썰어놓은 낙지를 다시 넣고 살짝 끓여준다.
   ※ 낙지를 너무 많이 익히면 질겨지니 오래 끓이지 않아야 한다.

박은 칼슘, 칼륨, 엽산이 풍부하여 뼈 건강과 신체발달에 좋으며, 이뇨작용과 출산 후 붓기 제거에 효과적입니다. 낙지는, 타우린과 비타민, 무기질이 풍부하여 사람의 원기를 북돋아 생활을 활기차게 해주는 강장 역할을 합니다.

14. 양배추 비타민 물김치

재료

양배추 200g, 파프리카 200g(색깔별로), 양파 100g, 자색양파 50g, 자색양배추 50g, 쌀요거트 300ml, 쌀누룩분말소금 50g, 쌀누룩젓갈 50ml, 맛샘 10g, 마늘 20g, 생강 5g, 다시마 15g, 물 2L

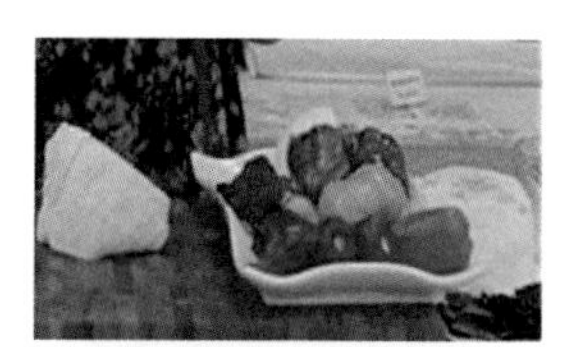

1. 양배추, 파프리카, 양파, 자색양파, 자색양배추를 식초에 10분 정도 침지하여 여러 번 헹군 뒤 물기를 제거한다.
2. 물에 쌀누룩분말소금을 넣고 잘 녹여준다.
3. 쌀누룩분말소금을 녹인 발효수에 쌀누룩젓갈, 쌀요거트, 맛샘을 넣고 잘 저어준다.
4. 다시팩에 다시마, 생강, 마늘을 넣고 용기의 바닥에 넣어준다.
5. 만들어놓은 육수를 부어준다.

※ 발효산물들로 만든 물김치라 5~6시간 후에는 먹을 수 있으며, 숙성될수록 더욱더 맛있어진다.

농촌진흥청 발표에 따르면 파프리카에는 비타민C, 베타카로틴, 식이섬유, 칼륨이 풍부하며, 양파는 비타민C와 B6, 엽산과 칼륨, 퀘르세틴, 파이토케미컬이 풍부하여 독소를 제거하고 항산화작용을 합니다. 또한 양배추는 비타민U, C, K, 아스파라긴산과 칼슘, 칼륨이 풍부하여 장운동을 활발하게 하고 면역력을 증대시킵니다.

15.
야채 수프, 토마토 스튜

재료

완숙토마토 800g, 감자 300g, 양파 250g, 당근 200g, 쪽파 50g, 발효콩분말 60g, 쌀누룩양파소금 5g, 다시마 채수 800ml, 아보카도유 20ml

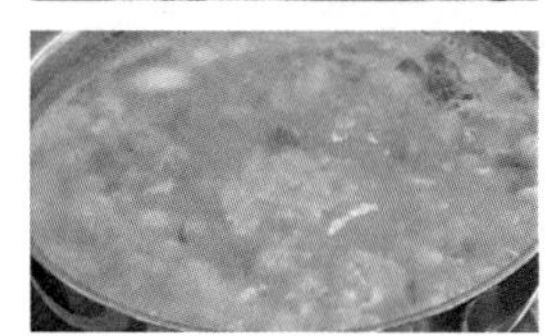

1. 완숙 토마토를 세척하여 심지를 제거하고 적당한 크기로 썰어준다.

2. 감자, 당근, 양파를 적당한 크기로 썰어준다.

3. 썬 야채를 냄비에 넣고 아보카도유로 살짝 볶아준다.

4. 야채가 기름에 코팅이 되는 느낌이 들면 만들어 두었던 채수를 부어준다.

   ※ 채수: 다시마 20g + 쌀누룩소금 20ml + 물 1L

5. 국물이 끓기 시작하면 쌀누룩양파소금을 넣고 발효 콩분말을 넣은 뒤 잘 저어준다(콩분말이 없으면, 어떤 콩이든 상관없이 삶아서 익힌 뒤 갈아서 이용).

6. 야채가 다 익으면 그릇에 담은 후 쪽파를 다져서 토핑해준다.

7. 완성된 수프에 매콤소스를 넣어주면 매콤함과 더불어 감칠맛이 풍부해진다.

   ※ 매콤소스가 없으면 청양고추를 이용해도 된다.

토마토의 라이코펜은 항산화력이 뛰어나, 전립선 건강에 좋으며, 비타민C/E, 칼슘, 칼륨, 베타카로텐, 식이섬유 등 다양한 영양소가 가득하며, 특히 염증 예방과 피부미용에 탁월한 효과가 있습니다.

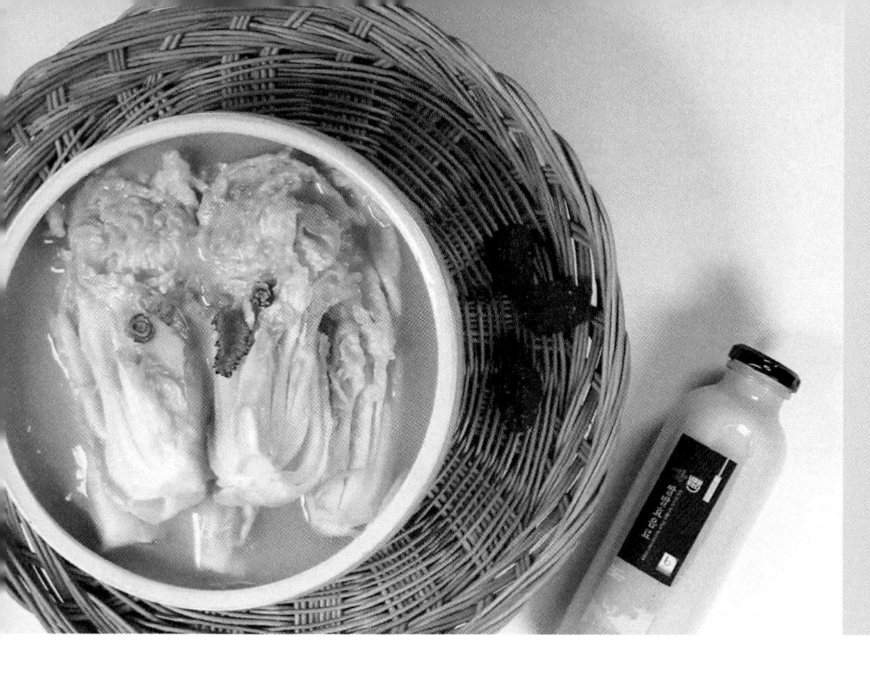

16. 유산균 백김치

재료

알배추 4포기,
토종갓,
다시마,
누룩소금(배추무게의 10%),
스탠볼(용기)

1. 알배추는 4등분해서 깨끗이 씻어 물기를 뺀 후 누룩소금을 뿌려 7시간 동안 절인다.

2. 토종갓은 잘게 자른다.

3. 절인 배추를 체에 받쳐 절인 물을 모은다.

4. 국물재료는 믹서로 곱게 간 다음 절임물과 섞는다.

5. 김치통에 갓과 다시마 팩을 깔고, 김치 국물을 붓는다.

6. 하루 숙성 후 냉장보관한다.

국물

물 1L,
배 300g,
사과 100g,
양파 200g,
마늘 50g,
생강 15g,
미거트 600g,
맛샘누룩젓갈 150g

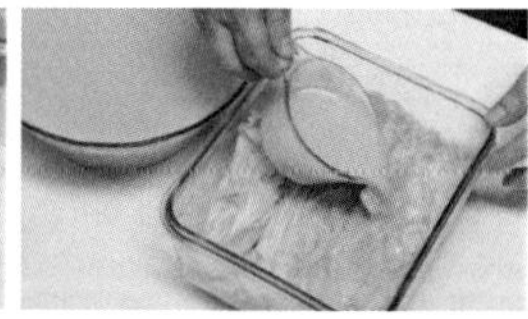

동치미나 백김치는 겨울철에 중요한 음식입니다. 보통 양념으로 감자나 찹쌀풀을 사용하지만 유산균 백김치는 쌀누룩소금과 쌀음료를 이용하여 효소와 유산균이 살아 있습니다. 또한 감칠맛과 풍미가 뛰어나 사시사철 만들 수 있습니다.

17.

무설탕 천연 소화제, 3색 쌈무

재료

무 2kg, 치자 8g,
고추냉이 30g, 비트 70g,
국즙(누룩 600g + 물 1.8L), 쌀잼 100g,
건누룩소금 60g, 발효식초 120ml,
소금 15g, 다시마 팩,
사각유리 그릇 3개, 강판

1. 무를 깨끗이 씻어, 껍질을 벗긴다.

2. 무를 얇게 슬라이스 해서 용기에 각각 350g씩 담는다.

3. 국즙을 걸러, 쌀잼, 발효식초, 건누룩소금과 소금을 섞어서 쌀 누룩액을 준비한다.

4. 각각의 용기에 치자와 겨자, 비트를 팩에 담아 넣고, 준비된 쌀 누룩액을 부어준다.

※ 완성된 3색 쌈무는 바로 먹어도 맛있지만, 오래 숙성하면 더욱더 감칠맛이 난다.

"무설탕 3색 쌈무"는 가을무로 만든 천연소화제로서, 무에 천연재료로 색깔을 내고, 발효산물인 쌀누룩과 식초를 더한 건강한 맛입니다. "무설탕 3색 쌈무"는 새콤달콤한"건강한 밑반찬"이면서, 김밥과도 잘 어울리며, 어린이나 노약자도 언제 어디서나 즐길 수 있습니다.

18.

우엉조림

재료

우엉 800g, 호두 200g
마늘 10쪽, 겨자 20g,
간장 70ml, 쌀조청 300g,
누룩간장 20ml,
참기름 1T, 통깨

1. 우엉을 깨끗이 씻어서 길게 채썬다.
2. 조림 팬에 간장, 누룩간장 및 조청을 넣고 끓이다 마늘을 넣는다.
3. 끓는 액에 우엉을 넣고 3분 정도 조려준다.
4. 우엉에서 물이 생기면 건져내고, 양념물만 졸인다.
5. 양념물이 졸아들면 건져낸 우엉과 호두를 넣고 졸인다.
6. 불을 끈 후 열기가 빠지면 겨자를 넣고 버무린 후, 맛샘과 참기름, 통깨를 넣는다.

우엉은 아삭아삭 씹는 맛이 매력인 뿌리채소로서 당뇨에 좋은 식품입니다. 이눌린이 풍부하여 신장기능을 높여주고 섬유소가 풍부하여 배변을 촉진해주는 효과가 있습니다.

19. 늙은 호박식초

재료
늙은 호박 2kg,
쌀누룩 400g,
쌀요거트 2L,
액누룩소금 10g,
발효용기

1. 늙은 호박을 깨끗이 씻어 껍질 채 갈아준다.

2. 쌀요거트에 쌀누룩을 섞어서 불려준다.

3. 용기에 호박과 쌀요거트를 넣고 잘 섞어준다.

4. 25~28℃에서 2주간 알코올발효 한다.
   ※ 매일 교반하면서 당도를 확인한다.

5. 섞어둔 액의 당도를 확인한다(15~18브릭스).

6. 윗물이 맑아지면 걸러서 분리한다.

7. 걸러낸 호박 와인에 씨초 25%를 넣고, 30~35℃에서 4주간 호기발효한다.
   ※ 초막이 생겼는지를 확인하면서 저어준다.

8. 4~5주 후 초막이 없어지고 맑아지면 식초가 완성된다.
   ※ 완성된 식초를 15℃ 미만에서 3개월 이상 숙성하면 풍미가 좋다.

늙은 호박은, 베타카로틴, 아미노산, 비타민C가 풍부하여, 항산화와 기력회복에 좋습니다. 늙은 호박을 다른 발효산물과 함께 와인과 식초로 발효시켜서, 항산화와 유기산, 해독력이 탁월하며 다이어트와 피부미용에 좋은 식초입니다.

20.

아삭아삭 얼갈이 김치

재료

다듬어진 얼갈이 1.5kg, 쌀누룩분말소금 30g, 쌀누룩액체소금 70ml, 토마토주스 50ml(상큼주스 라토마티나), 쌀요거트 50ml, 쌀누룩젓갈 100ml, 건고추 50g, 빨간색 파프리카 50g, 간마늘 30g, 생강가루 1g, 부추 50g, 양파 200g, 볶은통깨 10g

1. 흐르는 물에 얼갈이를 깨끗하게 씻어 수분을 제거해준다.
   ※ 세척하는 동안 너무 많이 만지면 풋내가 날 수 있으니 살살 씻어준다.

2. 건고추를 가위로 잘라 토마토주스와 쌀요거트를 넣어 불려준다.

3. 수분이 빠진 얼갈이에 쌀누룩 분말소금과 쌀누룩 액체소금을 넣고 절여준다.

4. 파프리카와 양파(200g 중 100g)를 갈아준다.

5. 불려두었던 건고추에 마늘, 생강가루, 쌀누룩 젓갈을 넣고 갈아준다.

6. 부추는 적당한 크기로 자르고, 나머지 양파(100g)를 채썰어 준다.

7. 갈아놓은 양념과 야채, 절여두었던 얼갈이를 살살 버무려준다.

※ 완성된 김치는 다른 반찬이 없어도 한 끼 식사를 해결할 수 있으며, 특히 밥과 면에 비벼 먹으면 더욱 맛있다.

얼갈이배추는 섬유질이 풍부한 저열량/저지방 채소입니다. 일반 배추보다 섬유질 및 비타민A, C, 베타카로틴, 루테인 등이 풍부하여 변비 개선과 피부미용, 면역력 강화에 도움을 주며, 눈 건강 개선에도 탁월한 효과가 있습니다.

21. 우엉 물김치

재료

우엉 400g, 양배추 300g, 양파 300g, 비트 30g, 무 200g, 간마늘 50g, 쌀요거트 500ml, 곰팡이액소금 200g, 중화소금 50g, 고추(홍,청각1개), 채수 4L

※ 채수재료

돼지감자(건) 5g, 우엉 300g, 여주(건) 5g, 다시마 20g, 팽이버섯 20g, 물 5L

1. 우엉을 잘게 사각으로 자르고 거름망에 넣은 후, 용기에 모든 채수 재료를 넣고, 20~30분 끓여 거른다.
2. 볼에 양배추, 무, 양파, 비트는 큐브 모양으로 얇게 잘라 볼에 담고 액소금을 뿌려 20분간 절인다.
3. 김치통에 절인 야채와 중화소금을 넣고 섞은 후 식힌 채수를 부어 실온에서 8시간 발효한 후 냉장보관하며 사용한다.

"항암회복, 우엉 물김치"는 우엉의 이눌린, 단백질, 나이아신, 칼륨, 칼슘, 사포닌, 올리고당, 양배추의 비타민U, 아스파라긴산, 셀포라핀 성분이 암세포를 억제시키고, 항산화력으로 환자에게 활력을 줍니다

22.

3일 막걸리

재료

쌀 1kg,
밀누룩 200g,
물 1L,

보관용기

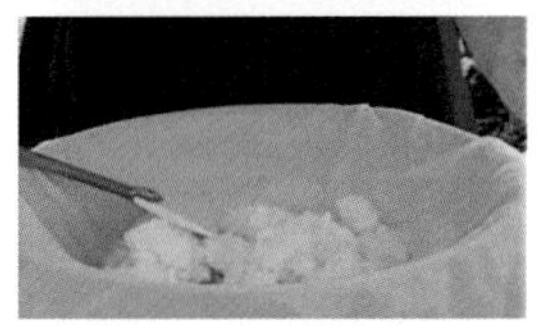

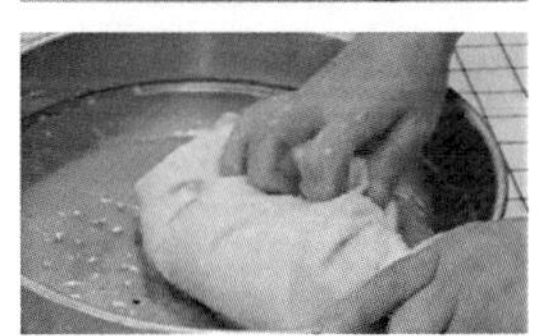

1. 밀누룩을 물에 담가 하루 정도 우려 수곡을 만들어 놓는다.
2. 쌀을 담가 가루를 만든 후, 체 내림을 하고 물을 넣어 반죽을 해준다.
3. 반죽한 쌀가루를 한 번 더 체 내림을 해준다.
4. 물에 적신 면보를 깔고 쌀가루를 찜기에 얇게 펴주고 쪄준다.
5. 익은 백설기는 면보를 덮은 상태로 체온보다 낮게 식혀서, 반죽하기 쉽게 쪼개준다.
6. 쪼개놓은 백설기에 밀누룩과 우린 수곡을 넣고 백설기가 완전히 풀어질 때까지 치댄다.
7. 치댄 백설기는 용기에 담아 입구정리를 깨끗이 하여 면보나 키친타올을 덮고 뚜껑을 닫아 3~5일 동안 숙성시킨다.
8. 숙성시킨 막걸리를 면보나 거름망에 거른다.

※ 숙성된 막걸리는 그냥 마셔도 되고, 기호에 따라 물이나 식초를 첨가해도 된다.

※ 거른 술지게미는 잘 보관해 두었다가 요리나 미용팩으로 이용 가능하다.

이 레시피는 "산가요록"에 나오는 단양주기법을 그대로 재현하여, 쉽고 빠르게 유산균이 가득한 전통 막걸리입니다. 숙성된 막걸리는 그냥 마셔도 되고, 기호에 따라 물이나 식초를 첨가해도 됩니다. 거른 술지게미는 잘 보관해 두었다가 요리나 미용팩으로 이용 가능합니다.

23.

초콩, 초콩 분말

재료

서리태 250g, 발아현미식초 500ml

1. 서리태는 흐르는 물에 먼지만 씻어낸다 생각하고 서너 번 헹궈낸다.
2. 서리태는 물기를 제거하고, 팬에서 살짝 볶아준다.
3. 볶은 서리태(250g)를 식힌 다음 유리병에 담아준다.
4. 서리태에 식초를 넣고 콩의 건조상태에 따라 식초를 추가해 준다.
5. 뚜껑은 살짝 얹어 콩이 식초에 잠기게 10~14일간 둔다.
6. 침지해 두었던 서리태를 식초와 분리해준다.
7. 분리한 서리태를 40℃ 온도로 10시간 정도 건조해준다.
8. 건조된 서리태를 믹서기에 갈아 분말 형태로 만들어준다.

콩은 아미노산이 풍부한 양질의 식물성 단백질이며, 콜레스테롤을 저하시키는 불포화지방산인 리놀렌산, 식물성 스테롤인 파이토케미컬, 대사작용에 중요한 인지질인 레시틴이 들어 있습니다.
또한 식초의 유기산은 지방합성을 억제하고 지방을 분해시켜 그 축적을 방지하며, 소화흡수를 돕고 혈액순환을 원활하게 합니다.

24.

발효소스 연근샐러드

재료

연근 300g,
오이 50g, 사과 50g,
파프리카 노랑 50g,
파프리카 빨강 50g,
소금, 식초 조금,
스탠볼(용기), 믹서기

1. 연근의 껍질을 제거한 후, 얇게 썰어서 소금 1T, 식초 1T를 넣고 1분 정도 데친다.

2. 데친 연근을 찬물에 헹구고 물기를 뺀다.

3. 사과는 껍질 채 얇게 썰고, 오이는 굵게 채썬다.

4. 물기를 제거한 연근과 사과, 오이를 섞은 후 소스를 뿌린다.

소스

쌀미거트 300ml,
캐슈넛 100g,
땅콩 100g,
양파 50g,
발효식초(파인애플) 30ml,
쌀잼 30g,
쌀미거트 300ml,
누룩소금 10g

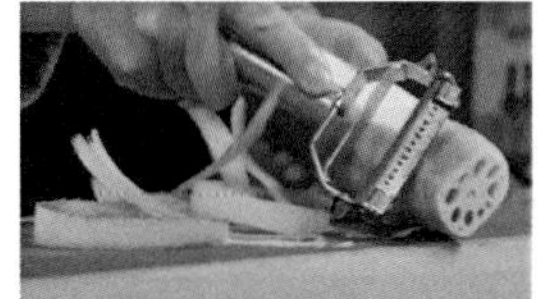

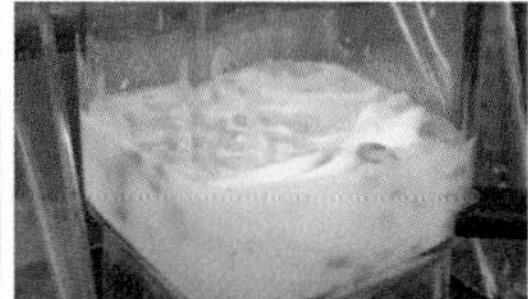

연근은 지혈작용과 열독을 풀고 어혈을 삭히며 토혈을 멎게 하는 효과가 있습니다.
연근은 기력을 회복시키며 꾸준히 섭취하면 몸이 가벼워집니다.

25.
뼈 없는 족발

재료

돼지족 1.2kg, 쌀누룩 간장 100g, 중화소금 50g, 양파 400g, 사과 400g, 쌀요거트 100g, 생강즙 20g, 요리주(미림) 200ml, 통후추 10g

1. 족발을 쌀누룩간장, 중화소금으로 절여 2~3시간 숙성한다.
2. 양파와 사과의 껍질을 제거 후 믹서로 갈아서 쌀요거트, 생강즙, 미림, 통후추를 넣고 섞는다.
3. 냄비에 양파를 깔고 숙성된 고기를 담고 믹서한 양념을 부어준다.
4. 130℃에서 50분간 끓여 익힌다.
5. 완전히 식힌 후 잘라서 접시에 완성한다.

'뼈 없는 족발'은 피부와 근육의 탄력을 유지하는 단백질과 콜라겐덩어리 족발을 뼈 없이 맛있고 쫄깃하게 요리한 것입니다

26.

쌀요거트로 동치미 살리기

재료

동치미,
쌀발효 미거트 500ml
쪽파,
부추,
파프리카,
물

1. 동치미 무를 얇게 썰어준다.

2. 동치미 국물에 쌀발효 미거트를 넣고 간을 본다.

3. 개인의 취향에 따라 물을 첨가하여 간을 조절한다.

4. 부추와 쪽파, 파프리카를 썰어서 넣은 후 잘 섞어주면 맛있는 동치미가 완성된다.

※ 완성된 동치미는 그냥 먹어도 맛있지만, 국수의 육수로 이용하면 더욱 감칠맛을 내는 재료가 된다.

오랫동안 보관했던 동치미는 시기가 지나면 버려야 합니다. 그런 동치미를 초정의 쌀누룩 미거트를 이용해 새로운 김치로 재탄생시킬 수 있는 레시피를 소개합니다.

27.
속편한 발효잡채

1. 기본재료
당면 250g, 돼지고기 200g,
양파 200g, 새송이 200g,
당근 100g, 부추 100g,
빨간 파프리카 100g

2. 돼지고기 밑간으로 준비
돼지고기 200g, 쌀누룩간장 20g,
초정 맛술미림 20g, 중화소금 10g,
참기름 10g, 후추 5g

3. 당면 밑간으로 준비
삶은 당면 250g, 쌀누룩간장 30g,
중화소금 30g, 양파소금 30g,
참기름 10g, 통깨 10g

1. 밑간을 한 고기를 잘게 잘라, 누룩간장 등 5가지로 사전 밑간을 한다.

2. 당근, 양파, 파프리카를 채 썰어 양파소금으로 볶아 식힌다.

3. 당면을 물에 2~3시간 불린 후, 끓는 물에 삶아 찬물에서 주물러 씻어 전분을 완전히 제거한다.

4. 팬에 재워둔 고기를 넣고 익히다가 새송이 버섯을 넣고 육즙이 골고루 스며들게 볶아 식힌다.

5. 팬에 물기 뺀 당면을 넣고 참기름을 두른 후, 누룩간장, 중화소금, 양파소금으로 밑간해서 버무린다.

6. 식혀둔 고기와 야채를 넣고 골고루 섞어 버무려 통깨를 뿌려 완성한다.

당면은 소화가 잘 되지 않지만, "속편한 발효잡채"는 쌀누룩 양념을 넣어 속 편하고 맛있게 드실 수 있습니다.

28.
쫀득한 닭가슴살 야채말이

재료

닭가슴살 3개,
쌀누룩소금 30ml
당근, 고추,
궁채(상추줄기),
부추
지퍼백

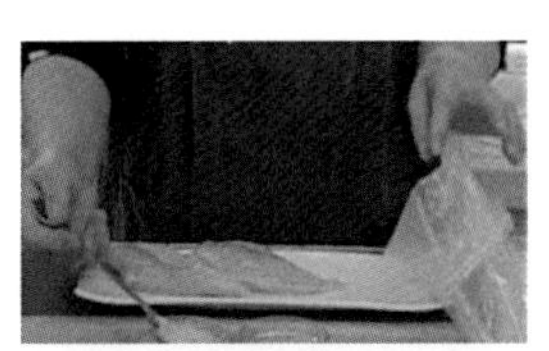

1. 닭가슴살 1개에 쌀누룩소금 10ml를 발라준다.
2. 쌀누룩소금을 바른 닭가슴살을 지퍼백에 담아 공기를 빼준다.
3. 지퍼백에 담은 닭가슴살을 냉장고에서 48시간 연육숙성시킨다.
4. 48시간 후 닭가슴살은 얇게 포를 떠준다.
5. 당근, 고추, 궁채(상추줄기)는 길게 썰어준다.
6. 포를 뜬 닭가슴살에 썰어놓은 야채를 넣고 김밥 말듯이 말아준다.
7. 말아놓은 닭가슴살을 종이호일에 다시 한번 말아 찜기에 15분간 쪄준다.
8. 쪄낸 닭가슴살 야채말이를 먹기 좋은 크기로 잘라준다.

※ 부추를 먹기 좋은 크기로 잘라 같이 먹으면 좋다.

※ 매콤한 맛을 원하면 쌀누룩겨자소스를 곁들이면 된다.

닭가슴살은 적당한 단백질과 지방이 함유되어, 다이어트에 좋습니다. 또한 나이아신과 비타민B6가 많이 함유되어 지방과 콜레스테롤을 낮추고, 두뇌발달과 신진대사를 원활하게 하며, 셀레늄과 메타오닌은 노화 방지와 간 기능 개선에 좋습니다.

29. 쌀요거트 감장아찌

재료

- 감장아찌

  단감 1.5kg(건조 시 300g), 들깨 5g, 쌀요거트 120g, 감식초 20ml, 액누룩소금 40g, 건누룩소금 6g

- 감 고추장 장아찌

  단감 1.5kg(건조 시 300g), 들깨 5g, 쌀요거트 120g, 쌀고추장 30g, 감식초 20ml, 액누룩소금 20g, 건누룩소금 6g

1. 단감을 씻어서 껍질과 꼭지를 제거한 후, 1cm 두께로 썰어서 건조기에서 8시간 건조시킨다(60~70℃).

2. 건조한 단감에 쌀요거트, 액누룩소금을 넣고 버무려 밑간을 한다.

3. ① 감식초와 건누룩소금, 들깨를 넣고 버무리면 감칠맛 나는 감장아찌가 완성된다.

② 고추장, 감식초, 건누룩소금, 들깨를 넣고 버무리면 매콤한 감 고추장 장아찌가 완성된다.

단감은 비타민A/C, 베타카로틴, 탄닌과 칼슘, 칼륨, 마그네슘, 식이섬유 등이 풍부하여 설사나 숙취해소, 기침, 기관지염, 고혈압 예방에 좋은 식품입니다. 단감과 쌀누룩 산물로 감장아찌를 만들면 그야말로 밥도둑이자 건강한 밑반찬이 될 수 있습니다.

30. 단백질 초콜릿

재료

카카오분말 150g, 바나나 340g, 발효콩분말 50g, 쌀누룩분말 20g, 쌀누룩건소금 5g, 견과류(호두 50g, 캐슈넛 50g, 아몬드 20g, 해바라기씨 20g)

1. 견과류를 기름 없는 팬에 구워 습기를 없앤 후 잘게 다져 놓는다.

2. 농익은 바나나 껍질을 벗겨 갈아 놓는다.

3. 갈아 놓은 바나나를 볼에 담고, 카카오, 쌀누룩건소금, 쌀누룩분말, 발효콩분말 20g을 넣고 골고루 섞은 후, 다진 견과류를 넣고 저어서 섞는다.

4. 사각틀에 랩을 깔고, 섞은 반죽을 골고루 펴서 담고, 냉장고에서 2~3시간 굳힌다.

5. 초콜릿을 꺼내어, 용도에 맞게 소분 후 발효콩분말을 묻혀 완성한다.

"단백질초콜릿"은 폴리페놀과 플라보노이드에 의한 항산화작용과 뇌기능 향상에 좋은 재료이며, 쌀누룩과 발효콩분말로 발효하여 단백질과 분해효소를 더하여 면역력 강화에 최고의 초콜릿입니다

31. 진달래 발효피클

재료

진달래꽃 100g,
무 100g,
식초 30ml,
액체쌀누룩소금 50ml,
꿀 50ml,
피클링스파이스 30g,
물 300ml

1. 냄비에 물, 식초 액체쌀누룩소금, 꿀, 피클링스파이스를 넣고 잘 섞은 뒤 끓여준다.

2. 무는 2mm 크기로 자른 뒤, 꽃 모양과 잘 어울리게 예쁜 틀로 찍어 준비해 둔다.

3. 끓인 소소를 얼음물에 담가 식혀준다.

4. 소독한 유리병에 무를 넣어주고 그 위에 진달래를 넣어준다.

5. 무와 진달래가 담겨있는 유리병에 식은 소스를 부어주고 잘 눌러주면 맛있는 발효피클이 완성된다.
   ※ 진달래는 하루만 지나도 먹을 수 있지만, 무는 3일 정도 지나야 맛이 스며듭니다.

진달래에 풍부하게 함유된 사포닌과 탄닌, 유기산은 몸속의 세균을 억제하는 작용을 하고, 플라보노이드와 안드로메도톡신 성분은 혈압을 다스리며 콜레스테롤 수치를 저하시키는 효과가 있습니다.

32. 고사리 방아전

재료

밑간 고사리 200g,
생방아잎 200g,
쌀누룩분말 50g,
전분 300g,
미거트 100ml,
쌀누룩소금분말 5g,
부추, 물(적당량)

1. 방아잎은 식초물에 담가 헹군 뒤 탈수하여 준비한다.
2. 밑간 고사리와 생방아잎, 부추를 썰어준다.
3. 전분(300g) 중 일부를 넣고 살살 비벼준다.
4. 누룩분말소금을 넣어준다.
5. 물을 넣고 버무려준다.
   ※ 전분과 물을 조금씩 번갈아 넣어 가면서 버무려 준다.
6. 쌀누룩분말을 넣고 물을 조금 부어 반죽해준 후, 미거트를 넣어준다.
7. 전분과 물을 조금씩 넣어가며 적당한 농도를 조절한다.
8. 기름을 두른 팬에 얇게 펴서 지져주면 맛있는 고사리 방아전이 완성된다.

고사리는 면역체계를 강화하고 식이섬유가 풍부하며 칼슘함량이 높아 뼈 건강에 좋습니다.
토종허브 1호인 방아에 함유된 메틸차비콜이 만성염증을 완화시켜줍니다. 칼륨과 필리아닌과 정유성분은 체내 노폐물과 나트륨 배설을 용이하게 하고, 뇌질환을 예방합니다.

33.

양배추 김밥 초말이

재료

양배추 500g, 맛샘 5g, 분말소금5g, 참기름 5g, 김 5매, 오이, 당근라페, 고사리장아찌, 라이스블럭식초

1. 양배추를 2~3mm 정도로 얇게 썰어준다.
2. 썬 양배추를 식초물에 침지하여 3번 헹궈낸 뒤 탈수해준다.
3. 탈수한 양배추는 찜기에 10여 분간 쪄준다.
4. 찐 양배추의 수분을 살짝 짜준다.
5. 찐 양배추에 분말소금, 참기름, 맛샘으로 밑간을 해준다.
6. 밑간을 한 양배추 100g(숟가락 2개 분량)을 김 위에 펴준다.
7. 양배추 위에 준비한 재료들을 차례로 올려주고 김밥 말듯이 말아준다.
8. 말아둔 양배추 초김말이를 먹기 좋은 크기로 썰어준다.

양배추는 요구르트, 올리브와 함께 세계 3대 장수식품으로 알려져 있으며, 아스파라긴산, 비타민C/U/K 및 각종 식이섬유와 칼슘 칼륨 등의 미네랄이 풍부한 재료입니다. 양배추의 섬유질은 장내 운동을 활성화하여 쾌변을 유도하고 변비를 예방하며, 무기질과 더불어 손상된 세포조직을 치료하고 위를 편안하게 보호해 줍니다.

34. 방아잎 페스토

재료

방아잎 200g,
올리브오일 200ml,
잣 40g,
캐슈넛 20g,
쌀누룩분말소금 5g

1. 방아잎을 갈기 쉽게 칼로 잘라준다.

2. 자른 방아잎을 깊은 용기에 담고 올리브 오일을 조금씩 추가해가며 갈아준다.

3. 방아가 어느 정도 갈아지면 잣과 캐슈넛을 넣고 갈아준다.

4. 쌀누룩분말소금과 남은 올리브 오일을 모두 넣고 갈아준다.

※ 작은 용기에 소분하여 보관하면서 먹으면 편하다.

※ 2주 정도 숙성하면 더욱더 감칠맛이 난다.

우리나라 토종허브 1호인 방아에 함유된 메틸차비콜이 만성염증을 완화시켜줍니다. 방아에 포함된 칼륨과 필리아닌과 정유성분은 체내 노폐물과 나트륨을 배설하고, 뇌질환을 예방하며, 비만을 예방하고 체중을 감소시키는 효과가 있습니다.

35.
무설탕 생강청

재료

생강 1kg,
건 쌀누룩 1kg,
배 1kg, 대추 1kg,
맥문동 100g,
쌀누룩액소금 30g,
맛술 미림 200g, 물 1L

1. 생강을 깨끗이 씻어 잘게 자르고, 배도 껍질을 벗겨 생강과 함께 믹서기로 갈아놓는다.

2. 밥솥에 대추, 맥문동, 물을 넣고 잡곡모드로 50분간 익힌다.

3. 익힌 대추와 맥문동을 체에 내려 분리한다.

4. 밥솥에 갈아놓은 생강과 배, 대추액, 건 쌀누룩, 쌀누룩소금을 섞어 보온기능으로 10시간 발효한다.

5. 뚜껑을 열고 취사 버튼으로 고온가열한다.

6. 핸드블렌더로 곱게 갈아 트레이에 얼려준 후, 작게 잘라 용기에 담아 냉동보관한다.

"자연발효생강청"은 진저롤과 쇼가올에 의한 혈액순환, 항염증, 항산화에 좋은 성분을 함유하고 있으며, 쌀누룩으로 분해효소를 더하여 체온 유지 및 감기 예방에 최고의 자연 발효당입니다.

36.

발효액 와인, 식초

재료

발효액,
끓여서 식힌물,
씨초 400~600ml,
효모

보관용기, 당도계, 계량 비커

단계적 발효액 식초 만들기(발효액 와인)

1. 당도계로 발효액의 당도를 측정한다.
2. 끓여서 식힌 물을 발효액과 규합시켜 16~20브릭스로 맞춰준다.
3. 효모를 전체 양의 1/2,000 넣어주고, 하루 정도 그대로 두었다가 살짝 저어준다.
4. 뚜껑을 꽉 닫은 상태에서 반 바퀴를 열어서 보관한다.
5. 10~14일 정도 알콜발효를 해준다.

한 번에 발효액 식초 만들기

1. 당도계로 발효액의 당도를 측정한다.
2. 끓여서 식힌 물을 발효액과 규합시켜 24~26브릭스로 맞춰준다.
3. 효모는 전체 양의 1/2,000, 씨초는 전체 양의 20~30% 넣어준다.
4. 면보나 키친타올을 덮어주고 고무줄로 입구를 고정한다.
5. 2개월 정도 발효시키면 식초가 완성된다.

※ 발효액 희석하는 법
(현재 당도 - 원하는 당도) / (원하는 당도 X 발효액 양) = 추가하는 물의 양
ex) 48브릭스 발효액 3리터로 16브릭스 와인을 만들 때 필요한 물의 양은?
(48브릭스 - 16브릭스) / (16브릭스 X 3리터) = 6리터

37.
참깨 소스, 오리엔탈 소스

재료

• 참깨 소스

볶음 참깨 30g, 간장 10ml, 사과식초 20ml, 올리브유 10ml, 누룩소금분말 5g, 쌀잼 25g, 쌀요거트 10ml, 쌀누룩매콤소스 맛샘 1g

• 오리엔탈 소스

올리브유 60nl, 간장 20ml, 토마토식초40ml, 쌀잼 30g, 마늘 1T, 쌀누룩소금분말 5g, 볶음참깨 10g, 쌀누룩매콤소스 맛샘 1g

참깨 소스

1. 볶음 참깨는 향이 날아가지 않게 잘 저어준다.
2. 준비한 재료들을 차례대로 넣고 잘 섞어주면 소스가 완성된다.

오리엔탈 소스

1. 준비한 재료들을 차례대로 넣고 잘 섞어주면 소스가 완성된다.

★ 응용요리

1. 야채와 과일과 버무려 준 뒤 데친 두부 위에 참깨 소스를 뿌리고, 고체발사믹이나 펄식초를 함께 하면 더욱 맛있다.
2. 제철에 나오는 나물과 과일 위에 오리엔탈 소스를 끼얹어주고 고체발사믹과 식물성 유산균으로 만든 그릭요거트를 토핑하면 잘 어울린다.
3. 버무린 야채를 비스킷에 올리고 쌀누룩통단팥, 우유그릭요거트, 서리태그릭요거트를 토핑하면, 아이들 간식이나 어른 술안주에 좋다.

참깨소스와 오리엔탈 소스는 과일과 채소 어디든 잘 어울립니다.

38.

해독 해초 샐러드

재료

건모듬해초 16g, 건미역 4g, 적양파 100g, 오이 100g(돌려깎아서 껍질만), 파프리카 각 100g(빨강, 노랑, 주황), 쌀잼 50g, 연겨자 10g, 다진파, 간마늘 10g, 통깨 2T, 간장 20ml, 아로니아식초 50g, 풋고추 적당량

1. 건모듬해초와 건미역을 물에 침지하여 불려준다.
2. 해초가 불려지는 동안 적양파, 오이, 파프리카(빨강, 노랑, 주황), 풋고추는 해초와 잘 어울리도록 얇게 썰어준다.
3. 쌀잼, 연겨자, 다진파, 간마늘, 통깨, 간장, 아로니아식초를 잘 섞어서 소스를 만들어준다.
4. 불려진 해초와 썰어둔 야채에 소스를 뿌리고 손가락 사이로 흘러내리듯이 무쳐주면 해초 샐러드가 완성된다.

※ 완성된 해초 샐러드는 그냥 먹어도 맛있지만, 연육하여 찐 닭가슴살이나 생선회, 국수 등과 같이 먹으면 더욱 감칠맛 난다.

해초는 철분과 마그네슘, 칼슘, 칼륨, 요오드 등의 무기질이 풍부하여, 조혈작용과 뼈와 치아를 튼튼하게 하고, 호르몬을 생성하여 기능을 정상화합니다. 특히 해초의 "푸코잔틴(Fucoxanthin)"은 체지방 감소와 혈당조절에 도움을 주며, 비타민C/E는 항산화 및 노화 방지에 좋습니다.

39.

오이, 멜론 콩국수

재료

멜론 작은 크기 2개, 오이 3개, 익힌 콩 400g, 쌀누룩액소금 30ml, 쌀요거트 500ml, 물 500ml, 볶은깨 35g, 슬라이스 대추, 방울토마토 장아찌

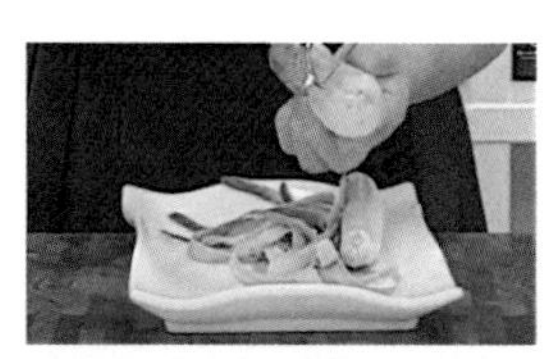

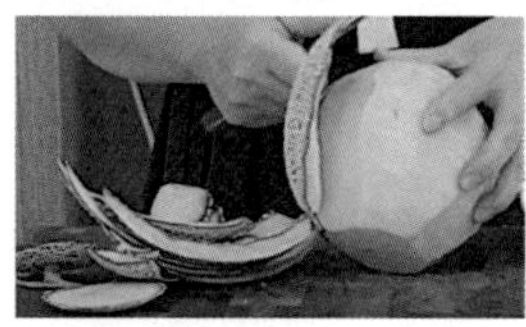

1. 콩을 깨끗하게 씻어 10시간 침지한 후 압력밥솥에 불리기 전 콩의 무게와 동일한 양의 물을 넣고 익혀준다.

2. 익힌 콩에 쌀요거트와 물, 볶은 깨를 넣고 갈아준다.

3. 갈아진 콩물은 오이와 멜론을 준비하는 동안 냉장고에 넣어 둔다.

4. 오이는 필러로, 멜론은 칼로 껍질을 벗겨내고, 길게 채를 썰어준다.

5. 오이는 씨앗이 있는 부분은 사용하지 않고 멜론도 수분이 나오기 시작하면 사용하지 않는다.

6. 채 썰어진 오이와 멜론을 각각 접시에 담고 미리 갈아놓은 콩물을 부으면 맛있는 오이국수와 멜론국수가 완성된다.

오이에 풍부한 펙틴은 장운동을 촉진하고 변비를 예방합니다. 또한 천연 이뇨제로써 간의 대사작용 시 독소를 배출하고 피부의 열을 내려서 두통을 완화합니다. 멜론은 카로티노이드와 프로토펙틴, 구연산, 베타카로틴, 비타민A/C가 풍부해 항산화 작용은 물론 면역력을 높여주며, 잇몸 건강, 피부미용 등에도 효과가 있습니다.

40.
오이냉면, 함평냉면

재료

늙은 오이 700g, 쌀누룩고추장 30g, 쌀누룩간장 40g, 파인애플식초 30ml, 쌀누룩겨자 5g, 쌀누룩분말소금 5g, 고춧가루 20g, 마늘 20g, 양파 150g, 볶은깨 적당량, 삶은 계란

1. 양파와 마늘을 썰어서 믹서기에 갈아준다.

2. 간 양파와 마늘에 고추장, 간장, 식초, 겨자, 분말소금, 고춧가루를 넣고 잘 저어서 숙성시킨다.

3. 늙은 오이는 껍질을 벗긴 뒤 필러로 길게 썰어준다.

4. 길게 썰어둔 오이 면에 숙성시켜둔 소스와 삶은 계란을 얹어주고 볶은깨를 살짝 뿌려주면 시원한 천연 냉면이 완성된다.

오이에 풍부한 펙틴은 수용성 섬유질로 장운동을 촉진하고 변비를 예방합니다. 또한 천연 이뇨제로써 간의 대사작용 시 독소를 배출하고 피부의 열을 내려서 두통을 완화합니다.
풍부한 비타민K는 칼슘의 흡수를 도와 뼈와 치아를 건강하게 하고, 글루코사이드, 리그난, 피세틴 등 항산화 생체 활성화 물질은 원활한 혈액순환과 암의 전조인 염증을 예방합니다

41.
무설탕 팥떡

재료

삶은 팥 300~600g,
쌀누룩분말소금 5g,
습식 현미찹쌀가루 250g,
멥쌀가루 200g, 건대추 20g,
쌀누룩요거트 20ml, 건투룩 5g

1. 마른 팥을 세척하여 10시간 이상 침지하여 불려준다.
2. 불린 팥과 건누룩, 물을 함께 잡곡모드로 삶아준다.
3. 삶은 팥을 식히면서 으깨 고슬고슬한 팥소로 만들어둔다.
4. 습식 발아현미찹쌀가루와 멥쌀가루에 쌀누룩 분말소금을 넣고 잘 섞어주고, 쌀누룩요거트를 넣은 후 떡반죽을 해준다.
5. 건대추를 넣어 한 번 더 섞어준다.
6. 체내림은 한 번만 해준다.
7. 전기밥솥에 물 300ml를 부어준 후 채반을 넣고 얇은 면보를 물에 적신 후 꽉 짜서 펼쳐준다.
8. 면보위에 팥과 쌀반죽을 번갈아 깔아주고 면보를 잘 모은 후 영양찜 모드로 50분간 쪄준다.
9. 도구에 물을 묻혀 살살 떼어 준 후 한 김 식으면 칼로 잘라준다.

※ 당뇨가 있어도 안심하고 먹을 수 있으며, 소분하여 냉동실 보관하면 된다.

팥은 저항성 전분과 식이섬유,항산화 물질이 29가지나 있어 장내 미생물의 먹이가 되며, 장내 미생물이 식이섬유를 분해하면서 생성되는 아세트산, 프로피온산, 초산 이 장을 건강하게 합니다.
안토시아닌은, 활성산소를 제거하여 노화 방지와 치매 예방, 인지 기능 개선 효과가 있으며,또한 칼륨은 체내 나트륨 배출을 도와, 부종을 예방하고 혈압을 안정시킵니다.

42.

부추 샐러드, 부추 무침

재료

부추 200g,
쌀누룩분말소금 20g,
파인애플식초 20ml,
양파 100g, 고춧가루 10g,
빨간청양고추 2개,
볶은깨 적당량

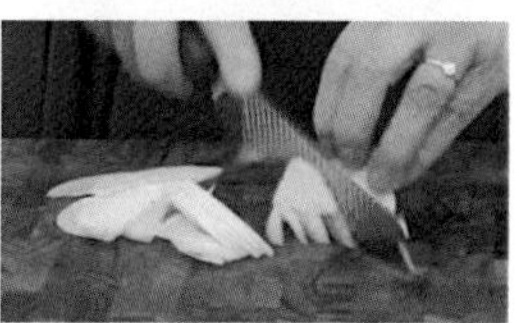

1. 세척한 부추를 5cm 정도로 잘라준다.

2. 양파는 채 썰어주고 빨간청양고추는 잘게 다져준다.

3. 양념하기 전 야채들을 골고루 섞어준다.

4. 야채에 쌀누룩분말소금을 뿌려서 간이 골고루 배도록 버무려 준 뒤 파인애플식초, 고춧가루를 넣고 다시 한번 살살 버무려 주면 감칠맛 나는 부추 무침이 완성된다.

※ 쌀을 발효해 만든 쌀누룩분말소금이 주는 짠맛, 단맛, 감칠맛, 깊은 맛을 동시에 느낄 수 있다.

부추의 알리신은 피로 해복과 자양 강장에 좋으며, 면역력을 높이고, 혈액 순환을 촉진하여 냉증이나, 혈전 예방에 좋습니다.
또한, 베타카로틴과 비타민C와 E는 항암 작용과 면역강화 효과로, 동맥 경화나 심근 경색을 예방합니다.

43.
구운 감자 샐러드 만두

재료

으깬 감자 500g, 발효콩가루 30g, 계란 3개, 갈아만든 땅콩잼 40g, 사과식초 5ml, 쌀누룩액소금 20g, 부추 30g, 당근 90g, 양파 100g

1. 감자를 삶아서 으깨준다.

2. 찐계란은 다지고, 부추는 잘게 썰어 놓는다.

3. 양파와 당근을 다지고, 매운 고추 1개의 씨를 털어낸 뒤 다진다.

4. 손질한 감자, 찐계란, 부추, 양파, 당근, 매운고추를 모두 섞은 후에 사과식초, 쌀누룩액소금, 발효콩가루를 넣어 버무려 준다.

5. 잘 섞인 재료들을 라이스페이퍼에 넣고 싸준다.
   ※ 라이스페이퍼는 찬물에 불린 뒤 사용하면 찢어짐이 덜하고 기름에 굽기가 좋다. 또한, 아보카도유나 올리브유를 피에 바르면 달라붙지 않는다.

6. 예열된 프라이팬에 기름을 두르고 노릇노릇하게 구워준다.

7. 볶은 통깨를 넣고 잘 버무려주면 맛있는 감자 샐러드 만두가 완성된다.

감자는 전분과 단백질, 식이섬유, 지방, 칼륨, 비타민C, 폴리페놀, 철분, 이눌린 등이 풍부하게 함유되어 있으며, 특히 이눌린 성분은 체지방 분해에 효과가 있습니다.

44. 발사믹 밤완자

재료
속 파낸 밤 650g,
뽕발사믹식초 60g,
쌀잼 50g

1. 밤을 삶은 후 밤 속을 파내어 볼 안에 담는다.
2. 준비한 밤을 손으로 뭉갠다.
   ※ 씹는 맛을 위해 너무 가루를 내지 않는다.
3. 발사믹식초를 넣고 섞어준다.
4. 단맛을 위해 쌀잼을 넣고 섞어준다.
5. 반죽을 조금씩 떼어내어 동글동글 돌려가며 완자 모양을 잡아주면 맛있는 발사믹 밤완자가 완성된다.
   ※ 수분의 정도와 입맛에 따라 쌀잼과 발사믹식초를 더 넣어주어도 된다.
   ※ 발사믹식초가 없다면 식초와 꿀을 사용하면 된다.

밤에는 단백질, 지방, 탄수화물, 섬유질, 칼슘, 칼륨, 인 등의 무기질과 비타민, 니아신 등의 영양소가 고루 갖춰져 있어 면역력 향상과 피로회복에 좋습니다. 특히, 필수지방산인 오메가3와 오메가6 함량이 높아서 몸속 중성지방과 콜레스테롤 수치를 낮추고 동맥경화를 예방니다.

45.

발사믹 생강 피클

재료

생강(편생강) 500g,
건누룩소금 5g,
발사믹식초 100g,
천일염 10g,

기타 비닐팩, 용기

1. 생강을 물에 담가 흙과 이물을 제거한 후 소쿠리에 담아 치대어 껍질을 벗겨낸다.

2. 손질한 생강을 1mm 정도로 얇게 슬라이스한다.

3. 생강을 비닐팩에 담아 천일염으로 섞어서 2시간가량 절인다.

4. 생강을 물에 여러 번 씻은 후, 꽉 짜서 찜기에 올려 10분간 쪄준다.

5. 쪄낸 생강에 건누룩소금으로 밑간을 한 후 발사믹식초를 넣고 잘 버무리면 맛있는 생강 피클이 완성된다.
   ※ 즉시 먹어도 되지만, 5시간 이상 숙성하면 더욱 풍미가 좋아진다.

몸이 차면 노화가 빨리 오고, 병균의 침투가 빨라지는 등 만병의 근원이 됩니다. 생강의 진저롤과 쇼가올은 염증을 억제하며, 우리 몸의 체온을 높여 혈행을 원활하게 하고, 신진대사를 활발하게하여 감기 예방과 염증을 억제합니다.

46.

파란색 갓김치

재료

갓 1.8kg,
청고추 300g,
쌀요거트 600g,
건누룩소금 50g,
액누룩소금 100g,
쌀누룩젓갈 100g,
마늘 30g, 생강 10g

1. 갓을 깨끗이 씻어, 물기를 제거하고 2~3토막으로 자른다.

2. 유리볼에 건누룩 소금, 액누룩 소금, 누룩 젓갈을 넣고 섞는다.

3. 갓을 볼에 담고, 양념을 골고루 뿌려 10~20분 정도 버무려 밑간을 한다.

4. 청고추를 씻어서 믹서에 갈아준다.

5. 밑간이 된 갓에, 쌀요거트와 청고추, 마늘, 생강을 넣고 골고루 버무린다.

6. 용기에 담아 실온에서 하루 숙성하면 맛있는 갓김치가 완성된다.

갓은 톡 쏘는 매운맛으로 식욕을 돋우며, 위장운동을 활성화시켜, 소화 흡수와 원활한 배변활동을 도와줍니다. 갓에 함유된 비타민A/C와 페놀, 엽산 등의 영양소는 면역기능 강화와 감기 예방에 효과적입니다.

47.

해독 김밥

재료

발아현미밥 300g,
두부 150g, 매콤소스,
발효단무지 150g, 생강촛물 20g
김밥김 여러 장, 깻잎 여러 장,
전분가루 소량

생강촛물

생강 20g,
발아현미흑초 20ml,
쌀누룩소금액 20g,
쌀잼 15g

1. 발아현미와 백미를 8:2 비율로 섞어 밥을 짓는다.
2. 두부는 길게 썰어서, 전분가루를 묻힌 후 찜기에 찐다.
3. 생강 촛물을 준비한다.
4. 쪄진 두부는 매콤한 소스를 골고루 발라준다.
5. 지어진 밥에 생강촛물을 넣어 골고루 버무린다.
6. 김을 펴서 놓고, 깻잎을 깔고, 두부와 발효 단무지를 넣은 후 잘 말아준다.
7. 먹기 좋은 크기로 자르면 맛있는 해독 김밥이 완성된다.

해독김밥은 발아현미 밥을 지어 두부와 발효 단무지, 깻잎을 넣어 해독작용을 하는 김밥입니다. 발아현미는 가바 성분과 유기산, 필수 아미노산이 함유되어 있어 신진대사를 원활하게 합니다. 무는 천연소화제로 신진대사 활성화와 체지방 감소에 효과적입니다.

48.

양배추 김치 사우어크라우트

재료

천일염 사우어크라우트

양배추 2kg(흰양배추 + 적양배추),
천일염 40g

쌀누룩소금 사우어크라우트

양배추 2kg(흰양배추 + 적양배추),
쌀누룩소금 60g,
천일염 20g

1. 양배추를 식초수에 세척한 후 물기를 빼서 준비한다.
2. 양배추는 너무 잘지 않게 썰어서 준비한다.
3. 양배추에 준비한 천일염 또는 쌀누룩소금+천일염을 골고루 뿌려주고 치대준다.
4. 양배추에서 물이 나올 때까지 치대주고 용기의 70% 정도로 채워준다.
5. 뚜껑은 꽉 닫지 않고 쌀누룩소금 발효하듯이 얹어두고 매일 섞어준다.
6. 일주일 정도 발효하면 맛있는 양배추 김치가 완성된다(겨울에는 2주 발효).

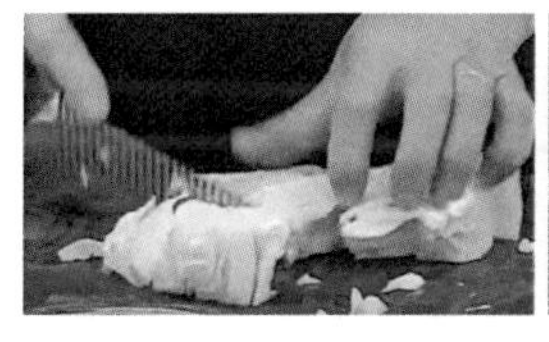

양배추는 요구르트, 올리브와 함께 세계 3대 장수식품으로 알려져 있으며 아스파라긴산, 비타민C/U/K, 각종 식이섬유와 칼슘 칼륨 등의 미네랄이 풍부한 식품입니다.
양배추의 섬유질은 장내 운동을 활성화하여 변비를 예방하며, 무기질과 더불어 손상된 세포조직을 치료하고 위를 편안하게 보호해 줍니다. 또한 암세포의 증식을 억제하여 면역력을 증대시켜주고, 체내 염분조절로 여드름치료와 피부미용에 탁월한 것으로 알려져 있습니다.

49.

고구마 디저트

재료

고구마 300g,
발효콩가루 60g,
건누룩소금 5g,
아보카도유 10g,
들깨 또는 검은깨 5g

1. 고구마를 껍질 채 잘 씻어 1cm 간격으로 썰어 4등분한다.
2. 찜기에 물 100ml를 붓고, 70℃ 약불에서 손질한 고구마를 서서히 익힌다.
3. 팬에 아보카드 오일을 두르고 앞뒤로 구워준다.
4. 볼에, 발효 콩가루와 누룩소금을 배합한 후, 구운 고구마를 골고루 묻힌다.
5. 들깨나, 검은깨를 토핑하면 맛있는 고구마 디저트가 완성된다.

고구마 디저트는 베타카로틴과 안토시아닌 등 항산화성분이 많아 노화를 방지하며, 칼륨과 비타민A/C, 그리고 식이섬유가 풍부하여 눈과 피부미용, 변비에 좋습니다.

50.
무설탕 양파 피클

재료

양파 600g,
사과식초 200ml
건누룩소금 5g,
아보카도유 10ml

유리볼, 프라이팬

1. 양파의 겉껍질을 한 겹만 까서 버리고, 잘 씻어서 속껍질을 벗긴다.
2. 양파를 1mm 간격으로 썰어준다.
3. 프라이팬에 아보카도유를 두르고 벗긴 속껍질을 볶아준 후, 썰어놓은 양파를 넣어 투명하게 익힌다.
4. 익힌 양파에 건누룩소금을 넣고 버무린다.
5. 버무린 양파를 유리병에 담고 사과식초를 부으면 새콤한 양파 피클이 완성된다.

양파의 알리신은 항균작용으로 체내 건강을 유지하고, 파이토케미컬과 퀘르세틴, 유황성분, 엽산 등은 혈액순환 및 심장건강에 좋습니다.
또한, 글루타치온은 뇌 건강에 좋고, 유화 프로필알린은 혈당을 낮추어 인슐린 생성을 촉진합니다.

51.
쪽파 발효김치

재료

쪽파 1kg, 쌀요거트 100g, 누룩젓갈 400g, 액누룩소금 30g, 분말생강가루 5g, 고춧가루 100g, 채수 100ml, 참깨

용기

1. 쪽파를 깨끗이 씻어 물기를 완전히 제거한 다음 끝을 다듬는다.

2. 다음은 쪽파를 볼에 담아 건누룩소금을 뿌려준다.

3. 준비한 양념들을 볼에 고루 섞고, 파를 담아 골고루 버무려 주면 맛있는 쪽파 발효김치가 완성된다.

※ 완성된 김치는 몇 시간 뒤 바로 먹을 수 있고, 오래 두면 풍미가 더 좋아진다.

쪽파김치는 섬유질과 펙틴이 풍부하고 항균 및 면역강화 효과가 뛰어납니다.
특히, 기존의 젓갈이나 찹쌀풀 대신에 쌀발효산물들을 부재료로 사용하기 때문에, 감칠맛이 뛰어나고 유산균이 풍부합니다.

52.
만능 양파 드레싱 소스

재료

양파 1kg(양파 500g+적양파 500g),
사과식초 350ml,
벌꿀 180g,
건누룩소금 10g

1. 양파를 깨끗이 씻어서 곱게 다진다.
2. 다진 양파를 팬에 70℃ 약불로 살짝 익힌다.
3. 익힌 양파를 용기에 담고 사과식초, 벌꿀, 건누룩소금을 넣고 잘 섞으면 만능 양파 드레싱소스가 완성된다.

양파의 알리신은 항균작용으로 체내 건강을 유지하고, 파이토케미컬과 퀘르세틴, 유황성분, 엽산 등은 혈액순환 및 심장건강에 좋습니다.
또한, 글루타치온은 뇌 건강에 좋고, 유화 프로필알린은 혈당을 낮추어 인슐린 생성을 촉진합니다.

53.

식물성 유산균 그릭 요거트

재료

식물성 유산균 200ml(발효종 효소수),
우유 1.8L,

전기밥솥

1. 우유 1.8L를 전기밥솥에 부어준다.

2. 식물성 유산균 200ml를 넣고 잘 저어준다.

3. 밥솥 뚜껑을 닫고 1시간 보온 후, 전원을 끄고 잔열로 12시간 발효하면 맛있는 요거트가 완성된다.

※ 완성된 요거트는 그냥 먹어도 되고, 면보에 걸러서 유청을 분리하여 먹어도 된다.

※ 용기에 담아 냉장보관한다.

식물성 유산균 그릭요거트는 식물성 유산균과 우유를 섞어서 발효시킨 요거트로 단백질과 칼슘함량이 높은 건강한 식품입니다. 발효 후 그대로 먹거나, 유청을 분리해서 먹어도 되며, 발사믹식초를 뿌려서 먹으면 더욱 맛있고 건강한 다이어트용 요거트입니다.

54. 발효 김 부각

재료

김 30장,
쌀잼 50g,
호박잼 50g,
매콤쌀소스 50g

1. 4등분한 김을 하나씩 트레이에 놓고 쌀잼을 바른 후, 누룩소금을 소량 뿌려 절반을 접는다.

2. 접혀진 김의 양쪽 면에 쌀잼을 한 번씩 더 바른다.

3. 건조기에 옮겨 담아 견과류를 토핑한다.

4. 바싹하게 건조하면 간식이나 반찬으로 이용 가능한 맛있는 발효 김부각이 완성된다.

고명

얇게 썬 대추 10g,
호박씨 10g,
참깨 5g,
건누룩소금 10g,
리캡 건조기

발효 김 부각은 단백질과 비타민, 미네랄이 풍부한 해초와, 발효산물인 쌀잼, 호박잼, 매콤 쌀소스를 이용하여, 기름을 사용하지 않고 바싹하게 만든 건강한 간식입니다.
영양과 면역력 증진에 도움이 되며, 맛있게 먹을 수 있는 영양간식입니다.

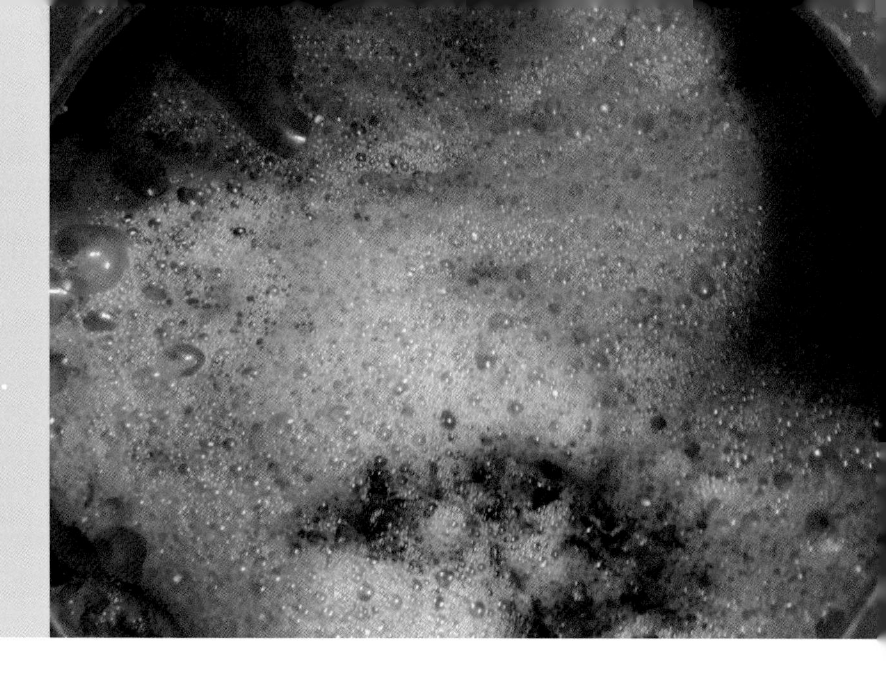

55.
포도 와인 발효식초

재료
찹쌀 200g,
포도(알) 1kg,
누룩 20g

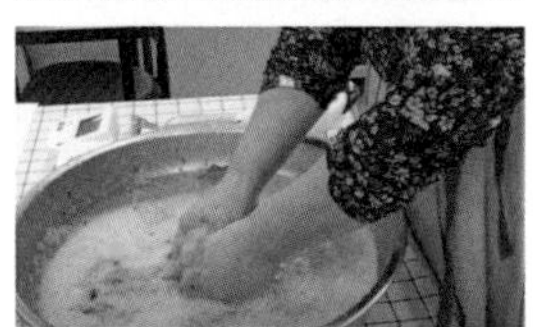

1. 찹쌀을 씻어 2시간 침지하고, 30분간 탈수한다.

2. 탈수된 찹쌀을 증기로 고두밥을 찐다(뜸 들이기 20분).

3. 고두밥을 식혀서 누룩을 버무린다.
   ※ 약 2일간 배양 후에 사용한다.

4. 포도는 30분간 식초물에 담궈 깨끗이 씻어 알을 따낸다.

5. 포도를 잘게 으깨어 즙을 낸 다음, 배양된 찹쌀과 잘 버무린다.

6. 용기에 담아 25~28℃에서 2주간 혐기발효시키며 매일 교반한다.

7. 2주 후 알코올 측정 후 면보에 깨끗이 걸러 액과 건지를 분리한다.

8. 분리된 액을 1주간 숙성시킨다.

9. 숙성된 알코올에 씨초 10~30%를 넣고 30일간 호기발효시키면, 포도 와인 발효식초가 완성된다.

포도에 들어 있는 라스베라트롤과 안토시아닌의 강력한 항산화 작용으로 노화방지, 심혈관질환 예방, 뇌건강 유지, 면역력 강화, 암세포 억제 등에 효과적입니다.

56.
발효 어리굴젓

재료

생굴 1kg, 무 200g,
건누룩소금 100g,
청주 30ml, 발효식초 10ml,
쪽파 50g, 고춧가루 60g,
마늘 40g, 생강즙 20g,
통깨 10g, 소금 50g

1. 생굴을 소금물에 3번 씻어, 이물질을 제거한 후, 수분을 제거한다.

2. 손질한 생굴을 용기에 담아 건누룩 소금을 골고루 뿌리고, 3일간 실온에서 발효한다.

3. 무를 1.5cm 크기의 2mm 두께로 썰고, 지퍼백에 넣어서 살짝 절인 후, 꽉 짜서 수분을 제거한다.

4. 3일 발효된 굴에, 준비한 재료를 모두 넣고 골고루 섞어주면 맛있는 발효 어리굴젓이 완성된다.

발효 어리굴젓은 쌀누룩과 발효식초 쌀누룩소금으로 만들어, 소화와 배변에 좋습니다. 생굴은 단백질, 비타민, 미네랄 등의 영양소가 풍부하여, 면역력 증진과 심혈관질환 그리고 남성의 성기능개선에 좋습니다.

57.

발효콩, 발효콩분말

재료

콩(백태) 600g,
물 50~70ml,
소쿠리,
면보,
밥솥

1. 콩을 깨끗이 씻어 10시간 이상 침지한다.
2. 세척한 콩을 압력밥솥에 담아, 준비한 물을 넣고 백미 취사로 30분간 삶아준다.
3. 삶아진 콩을 체온 정도로 식혀서, 소쿠리에 면보를 깔고 잘 감싼다.
4. 용기에 담아 35~40℃에서 24~30시간 발효한다.
5. 발효가 끝나면 점액 성분을 확인하고, 40℃에서 8~12시간 건조한다.
6. 건조된 발효콩을 분쇄기로 갈아서 쌀된장, 쌀고추장 등 다양한 발효양념에 사용하면 된다.

발효콩은 단백질과 식이섬유, 사포닌 등이 풍부하며, 발표과정에서 생성되는 다양한 생리활성 물질로 인해 항산화와 면역력 강화, 혈액순환과 다이어트에 효과가 있습니다. 이러한 발효콩을 쌀된장, 쌀고추장, 쌀소스 등 발효양념으로 활용하면 건강하고 맛있는 음식을 만들 수 있습니다.

58.
쌀고추장 불고기

재료

돼지 앞다리살 600g, 쌀고추장 60g, 쌀누룩젓갈 50g, 쌀요거트 100g, 쌀와인 30g, 쌀조청 50g, 마늘 30g, 고춧가루 20g, 대추 60g, 파 50g, 양파 400g, 청양고추 30g

1. 돼지고기를 50℃ 물에서 씻은 후 물기를 제거한다.

2. 돼지고기를 볼에 담아, 쌀요거트, 쌀누룩젓갈에 30분 이상 재어 둔다.

3. 재어둔 고기에 쌀고추장, 쌀와인, 쌀조청, 고춧가루, 마늘, 대추를 넣고 버무린다.

4. 불에 올려 양념된 고기가 어느 정도 익으면, 청양고추, 양파와 파를 넣어 버무리며 익혀준다.

5. 마지막으로 깨를 뿌리면 맛있는 쌀고추장 불고기가 완성된다.

쌀고추장 불고기는 쌀누룩으로 만든 고추장과 고단백 저지방 식품인 돼지 앞다리살로 만든 요리로서, 근육과 면역력 강화에 좋은 영양식입니다.

59.
단백질 영양찜

재료

간 돼지고기 250g, 간 닭고기 250g, 마늘누룩소금 30g, 생강누룩소금 10g

• 야채

연근 100g, 고구마 100g, 당근 100g, 양파 200g

1. 갈아진 돼지고기와 닭고기를 분량만큼 준비한다.
2. 두 종류의 고기를 볼에 담아 마늘소금과 생강소금으로 2~3시간 잰다.
3. 연근, 고구마, 당근, 양파를 깍둑썰기 하여, 프라이팬에 기름 없이 익힌 후, 재어둔 고기에 넣고 잘 섞는다.
4. 당근, 청양고추, 아스파라거스를 1cm 길이로 썰어둔다.
5. 내열용기에 종이호일을 깔고, 재어둔 고기의 절반을 펴서 놓는다. 당근, 청양고추, 아스파라거스를 단계별로 올리고, 위에 재어둔 고기를 다시 덮어서, 종이호일을 덮어 모양을 잡는다.
6. 찜기에 물이 끓으면, 중불에서 20분간 익힌 후 5분간 뜸을 들인다.
7. 뜸이 든 고기는 살짝 식히면 맛있고 영양가 높은 단백질 영양찜이 완성된다.

※ 적당한 크기로 잘라서 소스에 찍어 먹으면 감칠맛이 난다.

※ 소스: 쌀누룩간장 10ml + 채수 10ml + 겨자 5g

• 고명

당근 10g, 고구마 10g
오이 10g

찜기, 내열유리용기
종이호일

돼지고기와 닭고기는 대표적인 단백질 공급원으로 인체의 근육을 강화하는데 최고의 식품입니다. 우리는 일반적으로 돼지고기와 닭고기를 굽거나 쪄서 섭취하는데, 이는 기름이 들어가기 때문에 소화흡수에 장애를 가져올 수 있습니다.

60.

발아현미 초란

재료
발아현미식초 1L,
당귀 50g,
계란껍질 5개(유정란),
감초 20g,
유리용기

1. 발아현미식초에 당귀와 감초를 넣고 48시간 우려낸다.

2. 당귀와 감초를 체망으로 걸러낸다.

3. 걸러진 식초에 계란 껍질을 넣고 약 1주간 칼슘을 이온화시킨다.

4. 칼슘이 이온화되면, 걸러서 식초만 분리한 다음 냉장보관한다.
 ※ 하루 2회(1일 100~200ml) 조석으로 식초와 물을 1:5로 희석해서 마시거나, 샐러드 등 요리에 이용하여 섭취한다.

발아현미초란은 단백질, 식이섬유, 비타민, 미네랄이 풍부하고, 유기산 등의 생리활성 물질로 인해 다양한 건강을 제공합니다.
특히 칼슘, 마그네슘으로 인한 뼈와 혈관건강 향상, 그리고 식이섬유와 유산균으로 인한 면역력 강화와 변비개선 효과까지 다양한 효능이 있습니다.

61.
소이빈 마요네즈

재료

발효콩분말 100g,
쌀요거트 150g,
쌀잼 50g, 쌀누룩소금 40g,
사과식초 40g,
아보카도유 200ml,

핸드믹서기, 유리비이커

1. 비커에 발효콩분말, 쌀요거트, 쌀잼, 쌀누룩소금, 사과식초를 차례로 넣고, 마지막으로 아보카도 오일을 넣어 블렌더로 잘 섞어주면 고소한 마요네즈가 완성된다.

※ 오이나 당근을 스틱으로 잘라서 마요네즈에 찍어 먹으면 고소함이 가미된 야채의 맛을 느낄 수 있다.

발효콩분말로 만든 마요네즈는 다른 음식에 비해 그 맛과 영양이 매우 뛰어납니다.
특히 설탕과 기름이 과하게 사용된 시중의 마요네즈와 비교해서, 발효된 식물성 단백질과 분해효소가 풍부하게 함유되어 있어 누구나 부담 없이 먹을 수 있는 건강한 마요네즈입니다.

62.

채수로 만든 푸딩 계란찜

재료

계란 5개,
채수 340ml,
잔파 소량,
고추 소량

1. 채수를 준비한다(다시마, 팽이버섯, 액누룩소금을 물 340ml에 넣고 잘 섞어서 2~3시간 우려낸다).

2. 볼에 계란을 깨어서 담고 잘 섞어준 후, 가위로 알끈을 여러 번 끊어준다.

3. 풀어진 계란에 채수를 넣고 잘 저어, 체망에서 걸러준다.

4. 걸러진 계란을 용기에 담아 랩을 씌워 찜기에 올린 후, 약불에서 15분간 쪄내고 5분간 뜸을 들인다.

5. 쪄낸 계란찜을 고추나 잔파를 올리면 영양가 높은 푸딩 계란찜이 완성된다.

채수

다시마 10g,
팽이버섯 5g,
액누룩소금 30g,

거품기,
체망,
찜용기,
찜그릇

푸딩 계란찜은 단백질, 지방, 탄수화물, 비타민, 무기질이 골고루 함유된 계란과 다시마와 버섯을 우려낸 채수로 간단하고 맛있게 만들 수 있습니다.
본 요리는 두뇌건강과 면역력 강화에도 좋은 건강한 식품입니다.

63.
연근 피클

재료

연근 800g,
귤 300g,
사과식초 500ml,
누룩소금 40g,
꿀 300g,
치자 5g

1. 연근은 아삭한 맛이 좋은 숫연근을 사용한다.
2. 껍질 채 사용하기 위해 솔로 잘 씻어준다.
3. 손질한 연근을 3mm 정도로 둥글게 자른 다음 식초수에 담근다.
4. 찜기에 올려서 김이 난 이후 5분 동안 쪄낸 다음 식혀준다.
5. 유기농귤은 껍질 채로, 유기농 귤이 아니면 껍질을 제거 후 착즙한다.
6. 귤즙에 꿀, 발효식초, 누룩소금을 섞고, 치자는 깨어서 망에 넣고 같이 우린다.
7. 우려낸 소스에 쪄낸 연근을 넣고, 연근에 색이 들고, 소스 맛이 배면 냉장보관한다.

연근은 지혈작용과 염증감소에 효과적인 재료입니다.
연근을 생으로 섭취하면 목의 통증을 줄이고, 기침과 가래를 감소하는 데 효과가 있으며, 해열작용의 효과도 있습니다.

64. 발효양념 어묵탕

재료

어묵 400g,
곤약 100g,
물 2.5L

육수

건느타리/팽이버섯 40g,
무 300g, 배추 100g,
멸치/밴댕이 50g, 청양고추 5개,
대파 1뿌리, 다진 마늘 30g,
액누룩소금 50g, 생강소금 10g,
누룩간장 10g

1. 준비한 물에 육수 재료를 넣고 20분 정도 끓인다.

2. 끓인 재료는 체망으로 걸러 건지를 버린다.

3. 곤약은 얇게 썰어 중간 칼집을 내어 모양을 만든 후, 뜨거운 물에 익혀서 넣는다.

4. 어묵을 모양대로 꼬치에 끼워서, 청양고추와 함께 넣고, 간을 맞춘다.

※ 완성된 어묵탕은 그냥 먹어도 맛있지만, 준비한 소스에 찍어서 먹으면 더욱 감칠맛이 난다.

※ 소스: 누룩간장 30g, 대파소스 20g, 육수 10g, 겨자 10g, 깨 10g을 잘 섞어준다.

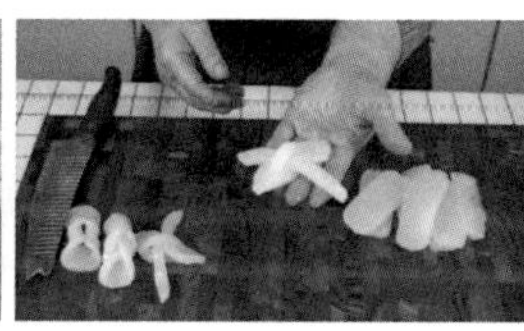

발효양념 어묵탕은 단백질과 칼슘, 칼륨, 오메가3 지방산이 풍부하여, 근육과 면역력 강화, 뼈와 심혈관 질환에 좋은 영양식품입니다. 버섯과 무로 육수를 하여 쌀누룩 양념으로 국물을 우려낸 어묵을 발효 양념장과 함께 즐길 수 있습니다.

65.
무설탕 호박죽

재료

늙은 호박채 800g,
건쌀누룩가루 200g,
쌀누룩액소금 40g,
찹쌀가루 150g,
땅콩잼 50g,
물 300ml

1. 늙은 호박채와 찹쌀가루를 넣고 백미취사로 익힌다.
2. 익힌 호박에 건쌀누룩가루, 쌀누룩액소금, 물을 넣고 농도와 맛을 조절한다.
3. 그릇에 담아 땅콩잼으로 토핑 후 완성한다.

"무설탕호박죽"은 베타카로틴, 아미노산, 비타민C가 풍부한 늙은 호박을 건쌀누룩을 이용하여 맛있게 끓인 기력회복 영양간식입니다.

66.

깻잎 흑돼지고기

재료

흙돼지 앞다리살 200g(불고기용), 전분가루 50g, 쌀누룩액소금 20g, 울금가루와 생강가루 적당량, 깻잎 적당량, 라이스페이퍼 적당량

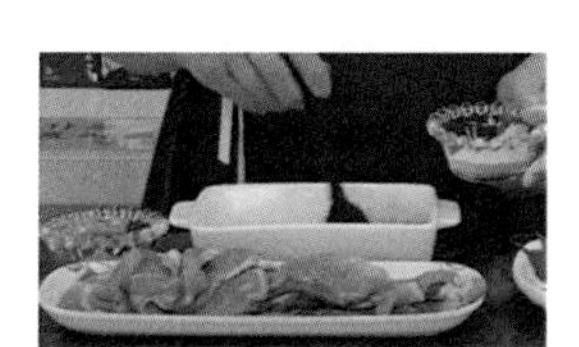

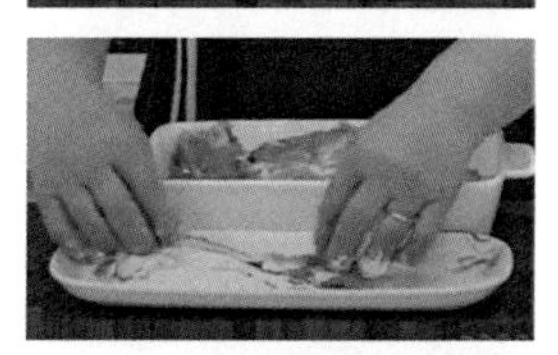

1. 쌀누룩액소금만 사용하여도 되지만 울금가루(또는 카레가루)와 생강가루를 섞어 돼지고기 표면에 발라주면 잡내를 없애준다.

2. 6~24시간 정도 연육 숙성해주고, 전분가루를 묻혀준다.

3. 기름을 두르고 예열한 팬에 그대로 구워준다.

4. 찬물에 담근 라이스페이퍼 위에 깻잎을 깔아주고, 구워서 식혀둔 고기를 얹어 쌈을 싸준다.
   ※ 라이스페이퍼를 뜨거운 물에 담그면 찢어지거나 쌈을 싸기 불편하다.
   ※ 라이스페이퍼가 서로 달라붙지 않도록 올리브유나 아보카도유를 표면에 발라준다.
   ※ 먹기 좋은 크기로 잘라 그냥 먹어도 좋지만, 발효소스에 찍어 먹으면 더욱 감칠맛이 난다.

돼지고기는 지방 대비 단백질이 3배 이상 많은 대표적인 고단백 저지방 식품으로서 근육강화에 효과적입니다. 특히 아미노산, 오메가-3, 비타민B군, 미네랄이 풍부하여 신체조직구성과 피로 해소에 도움을 주기 때문에 운동이 끝난 후 반드시 섭취해야 할 영양소입니다.

67.
육포

재료

돼지고기 등심 1kg,
아침미거트 500ml,
액쌀누룩소금 30g,
중화소금 20g,
쌀누룩간장 50g,
매콤소스 맛샘,
발사믹식초 40g,
후추 5g

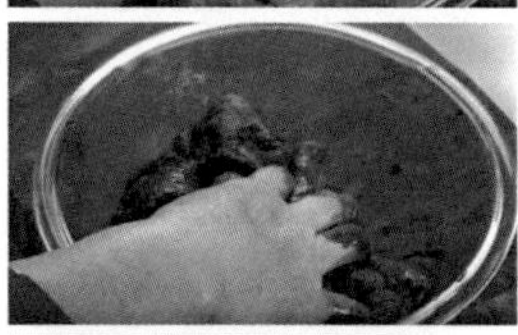

1. 돼지고기 등심을 0.5~0.7cm 간격으로 자른다.

2. 면타월로 수분을 흡수한다.

3. 볼에 든 고기와 쌀미거트, 쌀누룩소금을 넣고 골고루 주물러 3~4시간 연육한다.

4. 찬물에 여러 번 헹궈낸다.

5. 키친 타월로 수분을 완전히 제거한다.

6. 볼에 고기에 중화소금, 맛샘, 쌀누룩간장, 후추를 뿌려 1~2시간 재워둔다.

7. 채반에 넣어 50℃에서 7~10시간 건조한다.

"돼지고기등심 육포"는 쌀누룩 재료와 돼지고기 등심의 단백질로 영양을 보충한, 간편한 요리로 누구나, 언제 어디서나 즐길 수 있는 맛있는 영양 간식입니다.

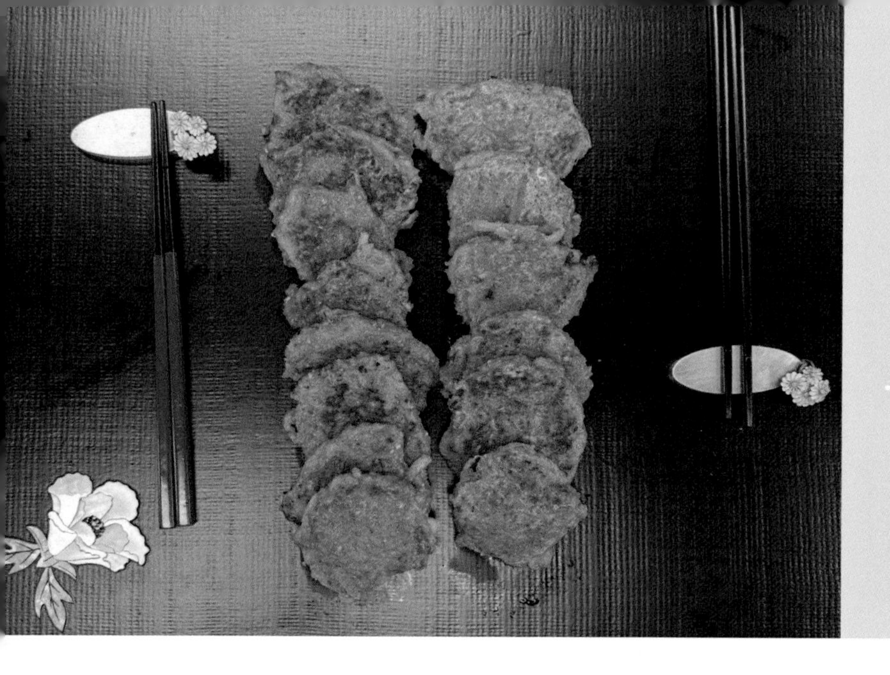

68.
호박전

재료

늙은 호박 500g,
발효콩분말 50g,
쌀누룩건소금 20g,
양파가루 30g,
전분 100g

1. 늙은 호박을 세로로 잘라 채칼로 긁는다.

2. 호박채에 재료를 섞어 반죽한다.

3. 동그랗게 빚어 팬에 지져낸다.

4. 그릇에 담아 완성한다.

"늙은 호박전"은 베타카로틴, 아미노산, 비타민C가 풍부한 늙은 호박을 쌀누룩소금을 이용하여 맛있게 지진 기력회복 영양간식입니다.

69.
오디잼

재료
냉동오디 900g,
건쌀누룩 800g,
쌀요거트 800ml,
쌀누룩액소금 25g

1. 볼에 오디, 쌀누룩, 쌀요거트를 넣고 손으로 버무려 으깬다.
2. 밥통에 담고 쌀누룩소금을 섞는다.
3. 보온 모드로 2시간 둔다.
4. 2시간후 뚜껑을 열고 전체 교반 후 젖은 면보를 덮고 보온에서 8~10시간 발효한다(2시간 마다 교반).
5. 완성 후 믹서로 갈아 병입한다.

"오디잼"은 안토시아닌과 비타민C 등 다량의 항산화성분과 항당뇨효과 및 간장과 신장을 튼튼하게 하는 약성의 오디와 소화효소가 풍부한 쌀누룩양념으로 달콤한 천연당을 만들어 보고자 합니다

70.

깻잎페스토

재료

깻잎 50g, 건누룩소금 5g, 쌀누룩가루 10g, 호두 30g, 깨 30g, 캐슈넛 30g, 들기름 200g, 오리브유 100g, 간마늘 20g

1. 깻잎을 씻어서, 식초 물에 3~5분간 침지 후 헹궈서 탈수한다.

2. 호두는 볶아서 준비한다.

3. 용기에 각종 재료를 넣고 갈아준 다음, 마지막에 깻잎과 올리브오일 80%를 넣고 갈아준다.

4. 유리병에 담아, 남은 올리브오일을 넣고 완성한다.

"깻잎페스토"는 소화효소가 풍부한 쌀누룩소금과 칼슘, 칼륨 등 무기질이 풍부한 깻잎을 이용하며 만든 식탁 위의 명약입니다.

Part VI.

발효철학을 실천하는 삶, 발효와 함께하는 라이프스타일

일상 속에서 발효를 즐기는 방법, 실천

발효의 가치를 제대로 알기 위해 가장 중요한 요소는 실천이라고 생각해요. 아무리 좋은 이론과 지식을 가지고 있어도, 그것을 직접 몸으로 경험하고 실천하지 않으면 발효가 주는 진정한 혜택을 깊이 누리기 어렵습니다. 발효라는 과정은 책이나 강의에서 배운 지식만으로 완성되지 않아요. 직접 발효를 시작해보는 작은 실천에서부터 발효의 깊이를 경험하게 되고, 그 과정을 통해 자연과 교감하며 얻는 배움이 진정한 발효의 가치가 됩니다.

즉, '발효의 실천'이란 소소한 일상에서부터 시작할 수 있어요. 작은 재료 하나를 발효해보거나, 집에서 쉽게 할 수 있는 간단한 발효 음식을 만들어 보는 것만으로도 발효의 세계에 들어서는 좋은 시작입니다. 작은 실천에서부터 발효가 가진 힘과 매력을 발견할 수 있습니다. 이 과정을 반복하면서 발효의 진정한 가치를 깨닫게 되고, 나아가 생활 속에서도 발효를 쉽게 접하고 응용할 수 있는 자신감이 생기죠.

이때 발효는 시간이 쌓여야 완성되는 작업입니다. 발효 과정에서 우리가 해야 할 일은 적절한 환경을 조성하고, 기다리며 인내하는 거죠. 이 과정에서 미생물들이 천천히 음식을 변화시키고, 이를 통해 우리는 새로운 맛과 영양을 얻어요. 이렇듯 발효는 실천을 통해 비로소 그 효과가 드러나고, 작은 시도와 실수가 쌓여가며 점차 숙련된 발효 방법을 터득하게 됩니다. 실천하는 과정에서 발효가 주는 깊이를 배우고 몸과 마음으로 깨달음을 얻을 수 있어요.

저 역시 발효를 위해 필요한 일을 직접 실천하면서 작은 변화들을 체감할 때마다 발효가 주는 깊은 기쁨과 감사함이 가슴에 차오릅니다. 발효의 가치를 발견하는 일은 지식만으로는 다다를 수 없는 경지이고, 그 깊은 배움은 오직 실천 속에서 이루어지니까요.

조금 더 현실적으로 말해보자면, 저는 발효의 가치를 알기 위해 직접 발효를 위한 일련의 과정을 묵묵히 실천하는 것이야말로 우리의 몸과 자연이 조화를 이루는 길이라고 믿어요. 발효는 자연의 작은 생명체들이 우리를 돕는 과정에서 얻어지는 선물과도 같고, 이 선물은 우리가 직접 실천할 때 비로소 얻을 수 있는 것이거든요. 발효를 통해 자연이 주는 혜택을 깊이 느끼고, 그것을 삶 속에서 실천하고 나눌 수 있을 때 발효의 진정한 가치를 알 수 있다고 생각해요.

발효관리사 교육생 P씨의 실천

저는 발효관리사 교육생들 중 한 분의 사례가 '실천'의 중요성을 잘 보여준다고 생각해요. 이 교육 과정에 참여했던 30대의 P씨도 처음에는 막연하게 발효가 좋을 거라는 기대만을 가지고 발효관리사 과정을 시작했어요.

P씨는 처음 수업에서 자신과 아이들이 아토피, 피부염, 그리고 잦은 설사로 고생하고 있다고 솔직하게 이야기했어요. 그는 몸에 좋다는 발효를 배우고자 했지만, 사실 마음 한편에는 그저 발효가 건강에 좋을 것 같다는 막연한 생각뿐이었다고 해요. 그런데 2회차 강의부터 뭔가가 달라지기 시작했다고 하죠. 교육을 통해 발효의 원리와 실천 방법을 배우면서 몸과 마음에 활기가 돌아오는 느낌을 받았고, 스스로 발효를 실천하면서 변화를 체감하기 시작한 거죠.

강의가 5회차에 이르렀을 때, P씨는 소감문을 발표하며 눈물을 흘리며 고백했어요. 2회차 교육 이후로 집안과 냉장고에 있던 모든 인스턴트 식품과 가공 양념들을 과감히 버렸다고 합니다. 인공적으로 만들어진 재료 대신 발효를 통한 자연의 맛을 선택한 거죠. 그리고 모든 식사를 발효식품 위주로 준비하면서, 자신도 아이들도 눈에 띄게 건강해졌다고 고백했어요. 아이들도 이제 설사를 하지 않고, 피부 상태도 개선되었다며, 예전보다 훨씬 활력 있고 건강해졌다고 확신을 가지고 이야기했어요.

이 사례는 발효를 통해 변화를 경험한 대표적인 예로, 저에게도 큰 감동을 주었어요. 어떤 것이 계기가 되었든, 그것을 디딤돌 삼아 자신부터 실천하고 변화를 체감하는 것이 중요하다고 생각해요. 작은 변화부터 하나씩 실천하고, 그 변화를 몸으로 느끼면서 생활을 바꾸어 나가다 보면 발효의 가치는 삶의 일부가 됩니다. 발효는 그저 건강을 위한 요리법이 아닌, 내 삶에 녹아들어 지속 가능한 건강한 생활습관으로 자리잡아야 그 진정한 의미를 누릴 수 있어요.

저는 이렇게 발효를 생활 속에서 실천할 때, 건강은 그리 멀리 있는 것이 아니라는 확신이 있어요. 자기 자신을 소중히 여길 때, 발효밥상을 통해 우리 자신을 대접할 때, 그 속에서 건강이 지켜진다고 생각해요. 그리고 자기의 건강이 좋아지는 만큼, 가족이나 주변 사람들의 건강에도 자연스레 관심을 기울이게 되죠. 그래서 발효는 혼자만의 것이 아니라, 가족과 이웃과 함께 누릴 수 있는 건강의 선물인 거예요. 발효밥상을 통해 자기 자신과 그 주변을 더 건강하고 행복하게 만드는 여정, 그것이 바로 발효의 참된 가치입니다.

발효를 통해 얻은 깨달음과 삶의 변화

발효는 우리 삶과 건강, 식습관에 깊은 영향을 미칩니다. 눈에 보이지 않는 미생물들이 재료와 만났을 때, 그것을 매개체로 삼아 그 모양과 맛, 색과 향을 완전히 바꿔놓는 과정을 보면 신비로움이 느껴져요. 그리고 우리가 발효 과정을 통해 미생물과 교감하게 되면, 그 작은 변화들이 결국 우리 자신에게도 확장되어 우리가 발효된다는 깨달음에 이르게 됩니다. 저는 이것이 자연과 조화된 득도의 또 다른 길이 아닐까 생각해요. 산과 물에서 자연을 바라보며 얻는 득도와는 다르지만, 발효를 통해 내 안의 자연을 발견하고, 이를 통해 나를 변화시킬 수 있는 특별한 길인 거죠.

미생물과 만나 교감하고, 발효의 과정을 통해 새로운 산물을 섭취하며, 그 산물이 다시 내 몸속에서 미생물에 영양을 주어 몸과 마음을 순환시키는 자연의 흐름을 경험하는 것이야말로 진정한 건강한 삶을 유지하는 비결입니다. 몸에 좋은 발효식품을 통해 미생물이 우리 몸속에 들어와 순환하며 에너지를 공급하고, 나아가 새로운 활력을 불어넣어 주기 때문에 삶이 건강한 자연의 일부가 되어 함께 순환하는 거죠. 그렇게 자연의 이치를 따르며 발효를 실천하는 가운데 몸도 마음도 맑아지니, 발효가 주는 삶의 변화는 참으로 깊고 본질적입니다.

저는 발효의 깊이에 빠져들면, 그때부터 미생물들이 친구처럼 보이기 시작하고, 자연의 이치를 더 깊이 깨닫게 되는 순간이 온다고 느껴요. 발효에 몰입하면 몰입할수록 세상의 이치가 자연스럽게 몸에 녹아들고, 그로 인해 나 자신이 변화되며 다른 사람과 나눌 수 있는 커다란 공간과 여유가 생깁니다. 그 공간이 넓어질수록 마음이 편안해지고 모든 일이 즐겁게 다가와요. 저는 이것이 발효가 주는 삶의 궁극적인 변화이자 깨달음, 이를테면 득도의 길과 비슷하지 않을까 생각합니다.

그리고 그 깨달음을 나의 삶과 나아가 다른 사람들과 함께 나누게 되죠. 이처럼 발효는 우리를 더 풍요롭고 의미 있는 삶으로 이끄는 소중한 과정입니다.

미래를 위한 발효의 가치

K-Food를 강조하지 않더라도 인류가 미래에도 추구해야 할 가치는 결국 먹는 것에서 찾아야 한다고 생각해요. 이는 고령화 추세에 대한 대비책만이 아니라,

누구나 먹는 대로 몸이 만들어지기 때문이에요. 그래서 음식으로 고칠 수 없는 병이라면 약으로도 고치기 어렵다는 말이 있을 만큼, 음식의 중요성은 누구에게나 자명하죠.

또한 정부나 언론에서 미래의 먹거리로 언급하는 케어푸드나 힐링푸드를 생각해보면, 결국 그 답은 발효식품에 있다고 볼 수 있습니다. 마침 정부에서도 푸드테크를 육성하고, 기능성 식품 개발과 전통 식품산업 활성화를 위해 장단기 계획을 세워 추진하고 있어요. 전 세계적으로도 미래의 식품 트렌드로 식물성 단백질 개발, 개인 맞춤형 식품, 질병 예방을 위한 기능성 식품 등이 주목받고 있고요. 발효식품의 과학화는 향후 세계적으로 핵심 요소로 자리 잡을 가능성이 큽니다.

특히 한국의 쌀누룩과 콩누룩 발효는 항산화 작용, 소화와 흡수율 증대, 면역력 향상의 기능을 가진 식품으로 주목받고 있죠. 앞으로는 이러한 발효기술을 바탕으로 새로운 제품 개발이 활발히 이루어질 것으로 기대합니다.

그리고 그 시작은 바로 가정에서 발효식품을 직접 만들고 활용하는 범위를 확장시키는 것에서부터 출발해야 한다고 생각합니다. 쌀누룩과 콩누룩을 집에서 활용해 발효음식을 만드는 것은 전통과 건강을 잇는 첫걸음이 될 거예요.

또한, 쌀누룩과 콩누룩은 식품뿐 아니라 화장품과 의약품 등 다양한 분야에서 활용할 수 있는 귀한 소재예요. 이들은 발효를 통해 새로운 맛과 향을 더해주고, 몸에 유익한 성분을 지닌 제품을 만들어냅니다. 발효를 통해 개발된 음식은 우리의 건강을 지켜주는 것은 물론, 삶의 질을 높이는 데도 기여할 수 있어요.

발효식품은 맛과 향, 그리고 건강을 모두 지닌 소중한 자산입니다. 저는 발효가 단순히 전통을 잇는 것이 아닌, 앞으로 우리가 지속적으로 발전시켜야 할 건강한 식문화의 중심이라고 생각해요.

지금 당장 실천하면,
바로 이 순간 미래가 시작된다

생각해 보면 저 역시 발효에 빠지기 시작했을 때, 가벼운 실천이든 어려워 보이는 실천이든 일단 시작해보면서 그 가치를 판단했던 것 같아요. 처음 발효에 관심을 가지고 그 매력에 빠져들었을 때부터, 모든 것이 거창한 계획에서 출발한 것은 아니었죠. 작은 시도에서부터 시작된 실천들이 차곡차곡 쌓였고, 그것이 나중에는 큰 성과로 이어졌던 거죠. 이러한 작은 실천들이 하나씩 쌓여 어느새 발효의 깊은 세계를 알게 되었고, 많은 것들이 저절로 해결된 것처럼 느껴지기도 했어요.

그리고 이제는, 발효라는 과정이 비단 음식에서만 적용되는 것이 아니라고 느낍니다. 마치 나날이 쌓여가는 나뭇잎들이 시간이 지나면서 거름이 되는 것처럼, 우리의 인생 또한 발효되어 주변 사람들에게도 긍정적인 영향을 미치는 것이 아닌가 싶어요. 자연의 비밀스러운 신비인 발효의 원리가 우리 인생에도 스며들어 있는 듯하죠. 우리 삶의 작은 실천들, 노력과 인내가 쌓여 시간이 지나면 결실을 맺고, 그 결실이 다시 주변에 긍정적인 영향을 끼치며 순환하는 과정이 발효와 닮았다고 생각하거든요.

발효가 제게 알려주는 것은, 작은 실천이 쌓여 큰 결과를 만들어낸다는 단순하지만 아름다운 원리였어요.

그러니 여러분도 만약 무언가에 관심을 갖고 있다면, 그 관심을 작게나마 실천해보세요. 지금 당장 부담 갖지 말고 접근하는 거죠. 아무리 작은 것이라도 하고 싶은 것이 있다면, 망설이지 말고 꾸준히 실천해보는 거예요. 그러면 미래는 바로 그 꾸준한 실천의 줄기를 중심으로 자라나고, 우리가 한 걸음씩 내디딘 실천이 모여 더 큰 변화로 이어질 거예요. 그 실천의 뿌리에서 나오는 희망의 줄기를 따라 아름다운 열매가 맺힐 거라고 믿습니다.

그리고 저는 예전이나 지금이나 변함없이, 인생의 큰 줄기로서 발효의 매력을 중심에 두고 있어요. 발효의 세계에서 하루하루가 새로운 배움의 기회였고, 그 배움은 작은 실천의 결과로 맺혔어요.

발효는 시간이 지나면서 깊어지는 과정이므로, 끈기 있게 버티면서 매일 발효에 관한 실천을 하다 보니, 어느덧 작은 실천들이 쌓여 큰 줄기를 이루고, 그 줄기에서 다시 새로운 가지와 잎이 자라나던 것 같아요. 우리의 삶도 마찬가지라고 생각해요.

전 인생의 지혜도 발효를 연구하면서 배운 셈이에요. 제가 발효를 사랑하는 이유죠. 그래서 앞으로도 발효라는 희망의 줄기를 따라가며, 더 많은 이들과 그 가치를 함께 나누고 싶습니다.

부록 편

'발효지기'들의 이야기

"스승님을 만나, 나의 생각과 삶이 달라졌어요. 시간을 내어 발효식품을 만들며 정신없이 지내는 생활에 활기가 넘칩니다. 나에게 모든 음식이 발효라는 것이 없어서는 안 되는 생활로 바뀌어 가고 있습니다. 발효식품을 만들어 먹으며, 건강한 식탁으로 바뀌는 것에 행복합니다. 발효된장, 발효간장, 내가 만든 쌀 요거트, 쌀잼으로 몸은 바쁘지만, 내 주변에 시판용 양념이 사라지고, 오직 내가 발효된 양념을 만들어 먹을 수 있음에 감사의 말씀을 올립니다…. 중략…"

- 김○숙 님

"이제까지 살아왔던 모습은 제각각이었지만, 선생님께 배운 발효라는 매개체를 통해 앞으로 살아갈 날들은 어딘가 닮은 모습이겠지요. 보석같이 키운 레시피들을 아낌없이 나누시는 열정적인 모습을 통해 발효 그 너머의 것들도 많이 배웠습니다. 존경하고 감사드립니다."

- 발효식품관리사 4기 일동

"귀한 영상 정말 감사합니다. 제가 비건 3년 동안 골다공증만 심해지고, 식물성 단백질 콩을 다 끊었다가, 온몸의 뼈가 약해져 걷지도 못하고, 죽기 직전에서야 고기, 생선 등 동물성 단백질의 중요성을 깨닫고 실감하게 되었습니다. 그리고 당분도 조금씩 섭취하면서 내 몸에 필요하다는 것을 실제로 체험했습니다. 우연히 선생님의 동영상 〈'마늘소금'으로 고기요리하시는 내용〉을 시청하면서 정말로 행복했습니다."

- 미국 LA 수지 님

"명장님 안녕하세요. 날마다 명장님 레시피 따라 하느라 정신없이 바쁘고, 즐겁습니다. 오늘 쌀와인 2킬로 만들었습니다. 저염고추장 하는 지인들에게 나눔하려고 욕심내서 담았습니다. 발효산물들을 사용하니, 하나하나 제품들이 나올 때마다 너무 행복합니다. 우리 몸에 꼭 필요한 이 신비하고도 놀라운 발효제품을 온 국민이 만들어 먹고 모두 건강하고 행복했으면 좋겠습니다…. 중략…"

- 박○래 님

"5주 동안 선생님의 건강하고 행복한 발효 에너지 씨앗을 뿌려 주셔서 감사합니다."

- 김○미 님

"발효국모님 또 신기한 요리 개발하셨네요. 계란을 구워서 다이어트 마요네즈가 된다니 신기하기만 합니다."

- 김○석 님

"시중에 파는 마요네즈를 예전에는 인체에 미치는 영양적인 것은 생각도 안 하고 먹었던 시절이 있었네요~ 그런데 요로코롬 좋은 재료와 발효산물들의 콜라보가 정말로 아주 기가 막히게 어울립니다. 대한민국 발효국모님만이 가능하신 특급 비밀 레시피네요~"

- 신○리 님

"발효는 배우면 배울수록 빠져드네요. 저는 요즘 신세계를 사는 것 같아요. 명장님 따라 하느라고 밤잠을 못잘 정도로 빠졌어요. 발효 하루 된장, 저염 고추장, 너무 맛있어요. 비타민 양배추 물김치는 환상적이에요. 명장님 감사합니다."

- 유튜브 구독자 님

"와우, 설탕을 대체할 수 있는 건강한 양파당이네요. 이번 주말에 꼭 만들어 보겠습니당~"

- 유튜브 구독자님

"안녕하세요 정인숙 발효선생님. 이 시간에 우연히 이 창을 열어보았습니다. 저는 당뇨를 2018년도에 확인했습니다. 그런데 이렇게 당에 좋은 신박한 레시피가 있었네요. 감사드립니다. 저도 양파당 만들어서 건강 찾겠습니다. 감사합니다."

- 유튜브 슈미 님

"너무 좋은날 에너지 받고 돌아오는 길도 좋았습니다. 발효국모님의 배움에는 행복도 함께 합니다. 전문가답게 진심 발효지기가 되어야겠다고 다짐합니다."

- 김○정 님

"유익한 강의 감사드립니다. 선생님이 가르쳐 주신대로 했더니 누룩꽃이 잘 피었어요. 이렇게 좋은 걸 알려주시고, 너무 감사드립니다. 선생님 수업 빨리 듣고 공부하고 싶어요."

- 유튜브 대한○ 님

"오늘은 복 받은 날, 이런 좋은 정보 주심에 감사합니다. 세상 사는 게 정말 재미없었는데, 선생님 강의 보면서 앞으로 할 일이 많아 설레고 또 다른 꿈을 꿉니다. 감사합니다."

- 유튜브 상환 님

"쌀누룩을 알게 되어 너무 좋습니다. 밥상이 달라져 샘과의 만남이 얼마나 감사한지 모릅니다. 선생님 쌀누룩 영상보고 따라 했는데, 성공적으로 잘 만들어졌어요. 선생님을 알게 되어 너무 기뻐요. 감사드립니다. 설탕 없이 요리할 수 있다는 것이 진짜 신기합니다."

- 유튜브 윤진 님

"발효는 밥하듯이, 넘 와닿는 말씀이시네요!! 정말 그렇게 간단하고 쉽게 느끼며 생활화하길 바라는 주부입니다. 요즘 명인님이 올려주시는 귀한 레시피와 자세한 설명 영상으로 돼지고기 완자, 생강피클, 연근샐러드, 팥잼 등 한 가지씩 만들며 만족감을 가득 누리고 행복한 식탁을 만들고 있습니다. 너무 감사합니다."

- 유튜브 댓글 ○○ 님

"우유로 만든 요구르트 먹어도, 비싼 수입 유산균을 먹어도 아침에 항상 배가 아프다는 아들에게 두 달 전부터 명인님 레시피로 쌀요거트를 만들어 먹이고 있는데, 속도 편안하고, 배 아픈 것도 확 줄어 효과를 많이 보고 있어요. 만들기도 쉽고 맛도 좋고 쌀 소비도 하고, 동물성이 아니라 맘에 들고 그 효과도 좋아 더더 만족하고 있어요. 감사드립니다."

- 유튜브 댓글 진○ 님

"발효국모님 쌀누룩 만드는 법 알려주셔서, 제 삶에 변화가 크게 오네요. 남편은 쌀 미거트에 식초를 섞어서 식후에 꼭 먹고는 장이 편안해졌다고 하네요. 대단한 쌀 요거트입니다."

"대표님의 강의를 직접 듣고, 또 유튜브 강의로 다시 한번 더 복습하니 강의하신 내용이 완전히 저의 것이 된 것 같습니다. 오늘 수강하시는 분들이 과제로 만들어오신 여러 종류의 요거트를 맛볼 수 있어서 너무 좋았습니다."

- 유튜브 용○ 님

"명장님 오늘 비타민 양배추 물김치 정말 놀라운 효과를 보았다고 지인에게서 전화를 받고서, 명장님을 만나 발효관리사 공부하길 잘했다고 생각했고, 청주에서 3시간을 달려가서 배운 보람이 있었어요. 양배추 물김치 해서 지인에게 드렸더니, 숙변이 시원하게 해결되어 살 것 같다고, 고맙다고 전화 왔어요. 선생님께 잘 배웠다는 자부심을 갖게 되었습니다. 감사합니다. 발효국모님. 가르쳐주신 쌀된장이 건강하고 맛도 무지 좋아서 위가 안 좋은 분에게 나눠 줬더니, 세상에 맛있어서, 밥을 이거 하고만 먹는다고 하고 미국에 사는 아들에게 반절 나눠주겠다고 해서 저도 감동이었어요. 너무 맛있어요."

- 박○운 님

"저는 양파소금 만들어 미역국 끓이니 너무 맛있어요. 그 맛에 빠져 오늘도 생강소금, 마늘소금 만들고 있습니다. 모든 사람들이 발효지기가 되셔서 건강했으면 좋겠어요. 누가 나에게 당신은 뭐가 제일 잘한 것이냐고 물으면, 예수님 믿는 것 말고, 명장님 만나서 발효지기 되어 가족들에게 건강한 발효 산물로 음식 만드는 것이 행복하다고 자신 있게 말할 수 있습니다. 명장님, 좋은 정보를 아낌없이 날려주셔서 다시 한번 감사드립니다."

“와~ 정말 무궁무진함에 놀랍습니다. 대한민국에서 세계 음식문화를 완전히 바꾸실 만큼 두 분께서 소중하신 분들로 여겨집니다. 제 삶에 날개를 달아주신 것 같아 나와 관계된 모든 이들과 함께 나눌 행복한 생각에 벌써 마음이 배로 더 행복해지고 있습니다. 모든 음식들이 음식 차원을 넘어 작품 수준입니다. 미래를 미리 보시고 두 분께서 이루어내신 그 힘은 정말 자랑스럽습니다. 대한민국을 넘어 이 아름다운 영상들이 전 세계가 기다리고 있는 많은 분들에게 전달되어 삶의 행복과 기쁨이 되길 진심으로 축복하며 소망합니다.”

- 미국 워싱턴 Myung Lee 님

“암과 투병하며, 진작 정인숙 선생을 알았더라면 좀 더 빨리 좋은 것을 먹으며 회복할 수 있었을 건데, 늦은 감이 있지만 유튜브 알고리즘에 감사하고, 정인숙 선생 만나 이렇게 좋은 발효음식 만들어 먹으니 너무 행복합니다.”

- 발효식품관리사 2기 ○○

“속이 항상 더부룩하고, 뭘 잘 먹지 못했는데, 정인숙 선생님의 쌀 요거트를 만들어 먹고는 속도 편안하고, 황금변을 봤어요. 너무 신기하고, 기분이 좋습니다. 그리고, 피부가 너무 좋아져서 주변 사람들이 알려줍니다. 감사합니다.”

- 발효식품관리사 4기 ○○ 님